# Stille Welten

4521 Schiedlberg/Austria
Telefon: +43(0)7251-22235
E-Mail: office@bacopa.at, verlag@bacopa.at
www.bacopa-verlag.at

Lektorat: Jo Achim Werner, Hannover
Layout und Satz: Felicitas Hübner, Apensen

Printed in the European Union

ISBN 978-3-99114-100-6

2. Auflage 2025

JENS HARTMANN

# Stille Welten

## Faszination unter Wasser

**BACOPA** VERLAG

*Meiner Familie Claudia, Nick, Lukas und Alexa*

# Inhalt

# Danksagung

Als Teenager in den frühen 1980er Jahren fand ich in der Wohnung meiner Großmutter beim Stöbern durch alte Kästen und Regale zwei Bücher, die meinem Vater gehörten: *Menschen und Haie* sowie *Drei Jäger auf dem Meeresgrund* – beide von Hans Hass, Pionier der Meeresforschung und des Tauchens. Die Bücher zogen mich sofort völlig in ihren Bann. Ich war fasziniert von den Schilderungen der Erlebnisse auf den Xarifa-Expeditionen durch das Mittelmeer, das Rote Meer, zu den Malediven und den Nikobaren und für mich stand sehr schnell fest: Ich muss unbedingt tauchen lernen.
Obwohl ich von nun an meine Eltern mit diesem dringenden Wunsch regelmäßig konfrontierte, musste ich noch einige Jahre warten, bis 1986 schließlich endlich ein Urlaub in Südspanien gebucht wurde, bei dem ein Tauchkurs eingeplant war.
Getrieben von meiner Begeisterung für die Unterwasserwelt folgte als Weihnachtsgeschenk von meinen Eltern meine erste Tauchausrüstung. Meine Faszination für die Unterwasserwelt war es auch, die mich später dazu brachte, an der Universität Wien Biologie zu studieren – unter anderem mit den Schwerpunkten Meeresökologie und Limnologie.
Mein größter Dank gilt daher meinen Eltern, die mir nicht nur das faszinierende Hobby Tauchsport ermöglicht haben, sondern auch das Studium der Biologie finanzierten. Beides stellte ohne Zweifel entscheidende Weichen in meinem Leben und war darüber hinaus eine wichtige Voraussetzung für das Entstehen dieses Buches.

Meiner lieben Frau danke ich für das mehrfache und sehr gewissenhafte Korrekturlesen des Manuskriptes beider Auflagen.

Ein großer Dank gilt auch dem Felicitas Hübner Verlag, allen voran Frau Felicitas Hübner, die beide Auflagen des vorliegenden Buches mit viel Begeisterung und Engagement aufbereitet hat, aber auch Herrn Achim Werner für seine große Sorgfalt beim Korrekturlesen der 1. Auflage.

Herzlicher Dank gilt auch Herrn Walter Fehlinger vom Bacopa Verlag für die Aufnahme dieses Buch in das Portfolio seines Verlages.

*Jens Hartmann*
*im Oktober 2024*

# Vorwort zur zweiten Auflage

In schnelllebigen Zeiten wie heute, die von neuen Medien und Digitalisierung geprägt sind, verbringen wir viel zu viel Zeit vor dem Bildschirm, sei es in sozialen Medien, Nachrichten-Blogs oder anderen digitalen Plattformen. Gleichzeitig führen Print-Ausgaben von Journalen und Büchern zunehmend ein Schattendasein. Daher freut es mich ganz besonders, dass die erste Auflage des Buches bei meinen Lesern sehr gut angekommen ist und ich vom Verlag kontaktiert wurde, um eine zweite Auflage zu verfassen. Mein Dank gilt daher allen Lesern der ersten Auflage, aber ebenso auch Ihnen, weil sie hier und jetzt die zweite Auflage in Händen halten, während Sie dieses Vorwort lesen.

In der zweiten Auflage wurden einige Kapitel erweitert sowie um Erlebnisberichte, wie etwa zum Tauchen mit Blauhaien auf den Azoren, ergänzt. Aber auch das eine oder andere neue Kapitel kam hinzu, unter anderem das Kapitel zur Fluoreszenz und zum Fluo-Diving, ein Thema, das sich in den letzten Jahren vor allem in den Tropen zu einem gewissen Trend entwickelte. Einige Fotos wurden ersetzt, einige ergänzt.

Während ökologische Zusammenhänge, anatomische Eigenschaften von bestimmten Organismen oder deren Verhaltensweisen, wenn sie einmal korrekt erkannt und beschrieben wurden, meist analog einem Naturgesetz unverändert bleiben, so steht im Gegensatz dazu die wissenschaftliche Benennung von Lebewesen in einem ständigen Wandel. Oft stellen Systematiker oder Taxonomen andere Verwandtschaftsverhältnisse als bisher angenommen fest, oder aber die Erstbeschreibung einer systematischen Gruppe oder einer Art erfolgte von einer anderen Person bereits früher, was laut den Regeln der Nomenklatur zu einer Änderung des wissenschaftlichen Namens der betroffenen Organismen führt. So kam es seit dem Erscheinen der ersten Auflage dieses Buches zu einigen Änderungen von Namen, die ich ins Buch eingearbeitet habe. Es sei aber schon an dieser Stelle des Buches auf meine Ausführungen zur Problematik der Artbestimmung auf Seite 64 verwiesen. Sehr bezeichnend ist dabei, dass es sich genau bei dem dort gebrachten Beispiel – den Mantarochen – um eine Gattung handelt, deren Bezeichnung sich seit der ersten Auflage verändert hat: Die Gattung heißt nun *Mobula* statt *Manta*.

Dies soll uns aber nicht vom eigentlichen Ziel des Buches ablenken, dem Leser interessante und kurzweilige Information zu unserer so wertvollen marinen Unterwasserwelt nahezubringen. Ich wünsche den Lesern viel Spaß beim virtuellen Eintauchen in eine faszinierende Welt unter Wasser.

*Jens Hartmann, Dezember 2024*

# Einleitung

Wasser ist die Quelle des Lebens. Hier ist das Leben vor über 3,5 Milliarden Jahren entstanden. Die ersten und somit urtümlichsten Organismen unserer Erde waren zellkernlose Bakterien, sogenannte Prokaryonten. Erst eine kleine Ewigkeit später, vor ungefähr 1,5 Milliarden Jahren, entstanden einzellige Lebewesen, die Zellkerne besaßen: die Eukaryonten. Vor etwa 700 Millionen Jahren entstanden schließlich die ersten mehrzelligen Organismen, aus denen sich dann nach und nach mit – im Vergleich zur bis dahin abgelaufenen Entwicklung – großer Geschwindigkeit die enorme Artenvielfalt und hochkomplexe Ökosysteme, wie wir sie heute kennen, entwickelten.

Während im Wandel der Zeit regelmäßige Temperatur- bzw. Klimaschwankungen insbesondere an Land die Organismengemeinschaften stark beeinflussten, herrschten im Wasser vergleichsweise stabile Verhältnisse. Dies mag einer der Gründe sein, weshalb sich viele Organismengruppen der aquatischen Ökosysteme über Jahrmillionen fast nicht veränderten. Man weiß heute zum Beispiel, dass Haie – kaum verändert – seit etwa 400 Millionen Jahren in unseren Meeren leben.

**Organismus**
Lebewesen, sowohl tierischer als auch pflanzlicher Art. Wenn von Organismengruppen die Rede ist, sind systematische Gruppen verschiedener Arten von Pflanzen oder Tieren im biologischen Sinne gemeint.

Diese Stabilität hat auch dazu beigetragen, dass sich im aquatischen Lebensraum höchst komplexe und artenreiche Ökosysteme entwickeln konnten – jede nur erdenkliche ökologische Nische ist hier besetzt. Mit Ausnahme des Regenwaldes sind die tropischen Korallenriffe die vielfältigsten und am höchsten entwickelten Ökosysteme unseres blauen Planeten Erde.
Diese schmalen Küstenbereiche der tropischen Meere sind es auch, die uns Taucher am meisten faszinieren und anziehen. Sie sind die mit Abstand größten Strukturen, die je von Lebewesen geschaffen wurden. Als Beispiel sei hier nur das australische Great Barrier Reef genannt, das auf einer Länge von mehr als 2000 Kilometern aus etwa 200 Metern Tiefe bis an die Wasseroberfläche ragt und einen Reichtum an Arten aufweist, der seinesgleichen sucht.

*Mein Sohn Lukas und meine Tochter Alexa an einem künstlichen Riff, einem umgestürzten und gesunkenen Leuchtturm. Bereits ihre Kinder werden die Unterwasserwelt nicht mehr so erleben können, wie wir sie heute kennen. Mittelmeer (Spanien, Ibiza).*

Doch wie lange werden diese Ökosysteme noch existieren? Wird der Mensch sie zerstören? Treibhauseffekt, globale Erwärmung, Umweltverschmutzung, Überdüngung oder Ölpest sind nur einige Schlagworte, mit denen die Wissenschaft auf die drohende Gefahr hinzuweisen versucht, jedoch selten erhört wird. Wie der Leser in einigen Kapiteln dieses Buches erfahren wird, deutet vieles darauf hin, dass schon unsere Enkelkinder keine Korallenriffe mehr vorfinden werden, wenn die oben genannten, durch den Menschen verursachten Umwelteinflüsse nicht massiv reduziert werden.

Trotz aller Umweltprobleme, auf die im Rahmen dieses Buches immer wieder hingewiesen wird, ist es dennoch nicht mein Ziel, mit drohend erhobenem Zeigefinger eine triste Zukunft der Unterwasserwelt auszumalen. Vielmehr möchte ich dem Leser Spannendes und Lehrreiches rund um das Leben unter Wasser bieten. Mit diesem Ziel vor Augen stelle ich für den Taucher, Schnorchler und Strandurlauber ungewöhnliche Bewohner des marinen Lebensraumes vor. Ganz bewusst habe ich hinsichtlich der ausgewählten Organismengruppen keinen Wert auf systematische Vollständigkeit gelegt. Vielmehr habe ich jene ausgewählt, die uns regelmäßig im und am Meer begegnen und mir aus ökologischer Sicht am bedeutendsten erscheinen. Besonderes Augenmerk habe ich darauf gelegt, aktuelles Wissen zur Lebensweise und Ökologie der angeführten Arten einzuarbeiten und auf verständliche Weise darzustellen. Mit diesem Buch möchte ich den Leser – den Taucher ebenso wie den Nichttaucher – auf eine interessante und lehrreiche Reise in die faszinierende Welt unter Wasser mitnehmen.

Biologische Fachbegriffe, die im Rahmen dieses Buches verwendet werden, sind im Text rot gekennzeichnet und werden am Ende im Kapitel *Fachbegriffe* ab Seite 238 näher erklärt. Weiterführende Literatur zum jeweiligen Thema wird innerhalb des Textes durch hochgestellte Zahlen gekennzeichnet. Die entsprechende Publikation ist im Literaturverzeichnis zu finden.

Meine Faszination für die Unterwasserwelt mit anderen zu teilen, dem Leser interessante oder auch überraschende Informationen zu den vorgestellten Tiergruppen zu liefern, das Verständnis und die Achtung vor der Natur zu stärken oder dem Leser einfach kurzweiligen Lesestoff zu bieten – ist zumindest einer dieser Punkte erfüllt, so ist das Ziel des Buches erreicht.

## Die Herausforderungen der Unterwasserfotografie

Als ich in meiner Jugend, es war im Jahr 1985, unmittelbar vor einem Urlaub in Griechenland meine allererste Unterwasserkamera erstand, war die Erwartungshaltung groß. Beim Schnorcheln wurden dann die ersten Fotos geschossen. Anders als heute fotografierte man damals noch mit analogen Kameras. Man wusste also nicht sofort nach der Aufnahme, ob die Fotos gelungen waren. Und weil ich es nicht erwarten konnte, brachte ich den Film vor Ort in einen Frisiersalon im Hinterland, dessen Besitzer ein kleines Fotolabor hatte. Einige Tage später dann die große Ernüchterung: Gerade mal sieben Fotos wurden entwickelt, alle anderen waren laut Auskunft des Friseurs nichts geworden. Natürlich war ich überzeugt, dass der an allem schuld war. Heute weiß ich, dass ich damals so ziemlich alles falsch gemacht habe, was man überhaupt falsch machen konnte.

*Eines meiner ersten Unterwasserbilder. Sieht man näher hin, so erkennt man in der Bildmitte im Schatten einen kleinen Lippfisch. Der Rest des Bildes zeigt die Braunalge Padina pavonica. Mittelmeer (Griechenland, Insel Thassos, 1985).*

Sogar erfahrene Fotografen stellen fest, dass in der Unterwasserfotografie andere Regeln gelten als über Wasser. Die starke und selektive Absorption des Lichtes (dazu später mehr im Kapitel über Farbensehen unter Wasser) erfordert, dass bei so gut wie jedem Foto ein oder gar zwei starke Blitze zum Einsatz kommen. Schwebeteilchen, die auch bei klarem Wasser immer vorhanden sind, reflektieren das Licht des Blitzes und sorgen für unschönes »Schneegestöber« im Bild, wenn keine langen Blitzarme zum Einsatz kommen. Diese wiederum machen die Fotoausrüstung groß und unhandlich. Durch den dunklen Hintergrund in größerer Tiefe ist eine automatische Steuerung des Blitzes oftmals unmöglich, weil die Kamera dann versucht, das gesamte Bild auszuleuchten und den Blitz viel zu stark ansteuert. Mit der Programmautomatik, die viele Digitalkameras bieten, erreicht man daher nicht viel. Kamera und Blitz müssen also manuell eingestellt werden, das heißt die Belichtungszeit, die Blende, die Lichtempfindlichkeit der Kamera sowie die Stärke des Blitzes. Die Ausrichtung des Blitzes muss ebenso gut überlegt sein, unter anderem, um die

*Ein langer Weg: von der ersten analogen Unterwasserkamera bis zur aktuellen Ausrüstung.*
FOTO: W. REKIRSCH JUN.

bereits angesprochenen Schwebeteilchen im Bild zu minimieren. Auch die Ausrichtung der Kamera ist ein ganz wesentlicher Punkt, der anfangs fast immer falsch gemacht wird. Beim Fotografieren an Land halten wir die Kamera meist horizontal, also parallel zum Boden. Das ist durch die Motive vorgegeben und auch richtig. Beim Tauchen blicken wir aber fast immer von oben oder von schräg oben auf die potenziellen Motive. Deshalb wird dann fälschlicherweise oft auch in dieser Blickrichtung fotografiert. Folglich hebt sich das Motiv nicht vom Hintergrund ab und es ist nicht viel zu erkennen. Die korrekte Aufnahmerichtung ist daher auch unter Wasser nach Möglichkeit immer horizontal oder, insbesondere bei Weitwinkelaufnahmen, leicht in Richtung der Wasseroberfläche gerichtet. Das Motiv wird auf diese Weise vor dem Hintergrund freigestellt.
Neben diesen Anforderungen kommt hinzu, dass wir uns in der Unterwasserwelt in alle drei Dimensionen bewegen können. Um erfolgreich zu sein, ist es daher zwingend erforderlich, viel Taucherfahrung und gute Tarierfähigkeiten mitzubringen. Leider sieht man immer wieder Fotografen, die sich einfach ins Korallenriff knien und ohne Rücksicht auf die Unterwasserwelt ihrem Hobby nachgehen. Der verantwortungsbewusste Unterwasserfotograf verzichtet zugunsten der Umwelt auf das eine oder andere tolle Bild.

# Korallen – Baumeister der Riffe

Die Verbreitung der Korallenriffe beschränkt sich auf die Bereiche der Weltmeere, in denen die Wassertemperatur nie längerfristig unter 20 °C fällt. Das ist im Allgemeinen zwischen 25° N und 25° S der Fall.

Korallenriffe bedecken nur etwa 0,1 % des gesamten Ozeanbodens. Sie sind aber nach den Regenwäldern die artenreichsten Ökosysteme unserer Erde und stellen die größten von Lebewesen geschaffenen Strukturen dar. Wir unterscheiden Saum-Riffe, die direkt entlang der Küstenlinien verlaufen, Barriere-Riffe, die der Küste vorgelagert sind und auf ihrer Innenseite eine ausgedehnte Lagune bilden, und Atolle. Das Great Barrier Reef an der Ostküste Australiens ist mit seiner Länge von über 2000 Kilometern das größte Riff der Erde und sogar vom Weltraum aus mit freiem Auge zu erkennen.

**Das Korallenriff**
Größte von Lebewesen geschaffene Struktur der Erde

Die zur Klasse der Blumentiere *(Anthozoa)* zählenden Steinkorallen *(Scleractinia)* sind die wichtigsten riffbildenden Organismen. Es gibt aber weitere Tier- und Pflanzengruppen, die ebenfalls wesentlich zur Entstehung von Riffen beitragen. Muscheln, Kalkröhrenwürmer und Kalkalgen spielen eine wichtige Rolle für die Befestigung des Riffs, denn durch sie werden die einzelnen Strukturen fest miteinander verbunden. Erst dadurch wird eine ausreichende Stabilität gegen Wellen und Strömungen erreicht.

*Linke Seite: Gelbe Krustenanemone (Parazoanthus axinellae), Mittelmeer (Kroatien, Istrien). Obwohl es auf den ersten Blick nicht ersichtlich ist, sind Krusten- ebenso wie Seeanemonen mit den riffbildenden Steinkorallen sehr nahe verwandt. Sie alle werden den Hexacorallia, den sechsstrahligen Blumentieren, zugeordnet.*

## Gefährdung durch den Menschen

Lange Zeit dachte man, dass der durch das Abschmelzen der Gletscher bedingte Anstieg des Meeresspiegels die größte Bedrohung für die Korallenriffe darstelle. Heute geht man davon aus, dass – wenn Riffe nicht anderweitig geschädigt oder am Wachstum gehindert werden – sie in der Lage sind, mit dem steigenden Meeresspiegel Schritt zu halten. Die eigentlichen Gefahren, die vom Menschen verursacht werden, sind andere und sie sind ungleich größer.

Die globale Erwärmung durch die in der Luft enthaltenen Staubpartikel und Treibhausgase macht auch vor den Meeren nicht Halt. Mittlerweile besteht kein Zweifel mehr daran, dass sich die Ozeane seit der industriellen Revolution signifikant erwärmt haben. Die Erwärmung der Meere stellt im Vergleich zur Umweltverschmutzung, zum Beispiel durch Plastikmüll, Quecksilber oder Rohöl, sogar die größere Gefahr für die Korallenriffe dar.[1]

Um die im Folgenden beschriebene Korallenbleiche (Coral Bleaching) zu verstehen, muss man wissen, dass viele wirbellose Tiere, insbesondere Korallen, Anemonen, Riesenmuscheln und einige Schwämme, in einen Teil ihrer körpereigenen Zellen oder in ihr Gewebe symbiontische Algenzellen eingebettet haben. Diese sogenannten Zooxanthellen produzieren durch die Photosynthese wichtige Nährstoffe wie Sauerstoff und Glukose für die Symbiosepartner. Ohne Zooxanthellen können die genannten Tiergruppen nicht längerfristig überleben. Im Kapitel *Lebensgemeinschaften – Symbiosen* (Seite 144 ff.) werden wir uns damit näher befassen.
Bei Wassertemperaturen, die während mehrerer Wochen die üblichen Maximalwerte um 1 °C oder mehr überschreiten, beginnen Korallen, ihre symbiontischen Algen ins umliegende Wasser abzustoßen. Folglich können sie sich nicht mehr ernähren und sterben ab. Auch die bunten Farben der Korallen gehen durch das Abstoßen der farbgebenden Algen verloren, denn die meisten Korallenpolypen sind weitgehend transparent. Nach dem Verlust eines großen Teils der Algen schimmert das weiße Kalkskelett durch die Polypen (Bild links) und die Korallen erscheinen intensiv weiß. Diesen Effekt nennt man Coral Bleaching oder Korallenbleiche.

Der Verlust von symbiontischen Algen ist auch von anderen Tiergruppen wie etwa Muscheln und Schwämmen bekannt. Auch die Riesenmuschel der Gattung *Tridacna* stößt bei zu hohen Temperaturen ihre symbiontischen Algen ab. Der Begriff Coral Bleaching ist also genaugenommen nicht korrekt, da der Effekt nicht auf Korallen beschränkt ist.

## Wie kommen die Zooxanthellen in die Korallenpolypen?

Der Leser fragt sich vielleicht, wie die einzelligen Algen, die für viele Korallen und Anemonen lebensnotwendige Nährstoffe produzieren, überhaupt ins Innere des Polypen gelangen. Bekanntlich pflanzen sich Nesseltiere (auch) auf sexuellem Wege fort, also durch Verschmelzen von Ei- und Spermazellen, die zu ganz bestimmten Zeiten in sehr großer Zahl ins Freiwasser abgegeben werden. Dieses Phänomen wird auch als *Coral Spawning* (Korallenlaichen) bezeichnet und ereignet sich meistens sehr gut synchronisiert nachts bei oder kurz nach Vollmond. Die Zooxanthellen können jedoch nicht auf diesem Wege an die Nachkommen weitergegeben werden, weil sie nicht in Keimzellen enthalten sind. Nach dem Verschmelzen von Ei- und Spermazelle entwickelt sich eine planktontische Larve, die sich nach einigen Tagen an einem geeigneten Substrat anheftet und sich im Zuge einer Metamorphose zum Polypen verwandelt. Bis zu dieser frühen Phase ist der Korallenpolyp also noch frei von Zooxanthellen. Erst jetzt kommt es zur Aufnahme der symbiontischen Algen ins Innere der Polypenzellen, und zwar durch einen Prozess, der als Endozytose bezeichnet wird. Dabei heften sich Zooxanthellen, die immer auch in geringen Mengen in freier Form als Plankton vorkommen, an den Korallenpolypen an und werden durch Einstülpen der Polypenzelle ins Zellinnere transportiert.

Um zu verhindern, dass parasitische oder anderweitig schädliche Zellen wie Bakterien oder Pilze aufgenommen werden, hat der Polyp bestimmte Erkennungsmechanismen entwickelt, die auf dem biochemischen Schlüssel-Schloss-Prinzip beruhen. Nur wenn der Schlüssel ins Schloss passt, wird der Prozess der Endozytose initiiert.

Nach der Aufnahme der Zooxanthellen ins Zellinnere werden sie an geeignete Stellen des Polypen transportiert, wo genügend Licht für eine effiziente Photosynthese vorherrscht. Hier können sich die Zooxanthellen vermehren und leisten bei Erreichen entsprechender Zelldichte einen wesentlichen Beitrag zur Ernährung von Korallen und Anemonen.

Die Polypen der mit Zooxanthellen in Symbiose lebenden Vertreter der Korallen und Anemonen sind also nicht per se zum Überleben fähig, sondern müssen sich erst im Laufe ihrer frühen Individualentwicklung mit den lebensnotwendigen Zooxanthellen »infizieren«.

*Korallengruppe mit partieller Korallenbleiche, Rotes Meer (Ägypten, Marsa Alam)*

Der Vollständigkeit halber sei an dieser Stelle erwähnt, dass auch andere Einflüsse wie etwa Virusinfektionen, erhöhte Strahlungsintensität, Kälte, Schwermetalle und länger andauernder Lichtmangel zur Korallenbleiche führen können. Diese Ursachen sollen hier aber nicht näher betrachtet werden.

In der Regel ist eine erhöhte Temperatur der Auslöser der Korallenbleiche. Doch was genau bewirkt sie und was bewegt die Korallen schließlich dazu, ihre symbiontischen Algen abzustoßen? Bei hohen Temperaturen wird die Photosynthese der Algen eingeschränkt oder kommt sogar zum Stillstand, so dass die Koralle von den Algen nicht mehr mit Nährstoffen versorgt wird. Vermutlich wird auch die Produktion von Botenstoffen durch die Algen eingestellt, die die Koralle im Normalfall daran hindern, die Alge als »Fremdkörper« abzustoßen, ein als Exozytose bezeichneter Vorgang.[2] Coral Bleaching ist also eine Strategie

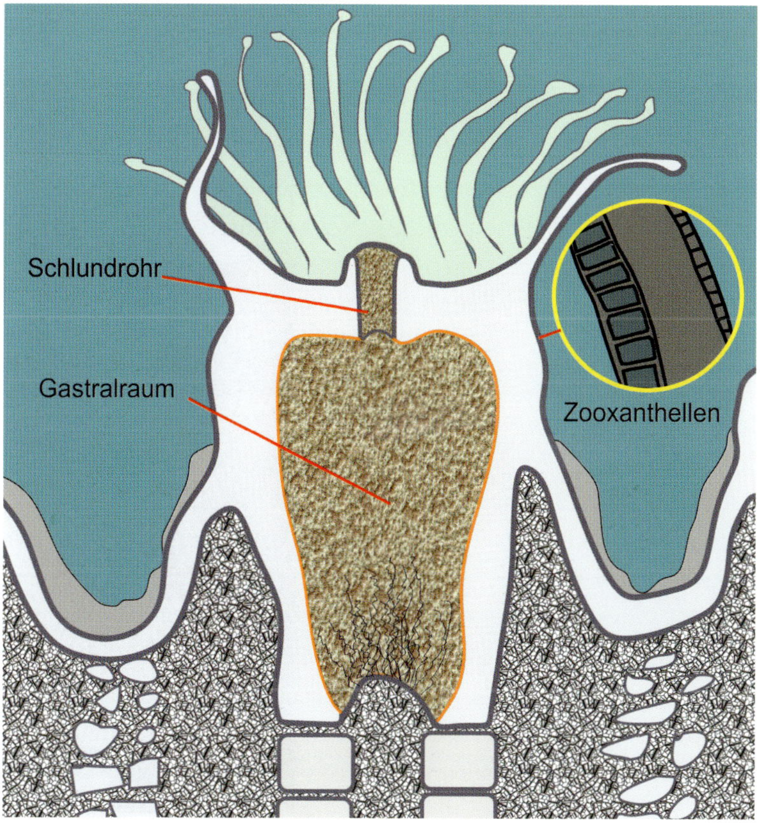


*Aufbau eines Korallenpolypen,*
GRAFIK: STEFAN BAEHR

der Korallen, sich von schlechten Symbiosepartnern zu trennen, die keine ausreichende Photosyntheseleistung erbringen. Anschließend können durch eine Neubesiedelung wieder höhere Wachstums- und Vermehrungsraten erzielt werden.

Von den symbiontischen Algen der Gattung *Symbiodinium* gibt es zumindest vier verschiedene Typen, die unterschiedliche Toleranzen hinsichtlich hoher Temperaturen sowie verschiedene Vorlieben bezüglich der Lichtintensität aufweisen.[3] Ein- und dieselbe Korallenart kann also, je nachdem, welche Temperatur- und Lichtverhältnisse an ihrem Standort herrschen, unterschiedliche Algentypen als Symbiosepartner haben.

Eine Änderung der Umweltbedingungen allein reicht jedoch nicht aus, damit eine andere, besser an die neuen Bedingungen angepasste Algenart die Koralle besiedeln und somit den bisherigen Algentyp verdrängen könnte. Es muss zusätzlich eine aktive Abstoßung der Alge durch die Koralle erfolgen.

**Ökologisch**
Anders als im üblichen Sprachgebrauch versteht man streng wissenschaftlich unter Ökologie die biologischen Wechselbeziehungen zwischen Organismen und ihrer natürlichen Umwelt, ganz gleich, ob positiv oder negativ

Auch bei anthropogenen und für die Algen ungünstigen Einflüssen kommt es zur Reduktion der Photosyntheseleistung der symbiontischen Algen. Dies wird von der Koralle erkannt und der Abstoßungsprozess wird eingeleitet. Es wurde beobachtet, dass auch bei normalen Umweltbedingungen Korallen regelmäßig einen Teil ihrer symbiontischen Algen ans umgebende Wasser abgeben, wenn auch bei weitem nicht so viele wie beim Coral Bleaching. Die Koralle trägt also aktiv dazu bei, den Anpassungsprozess an neue Umweltbedingungen möglichst rasch zu vollziehen. Coral Bleaching ist nach dieser nicht eindeutig bewiesenen und kontrovers diskutierten Theorie also eine ökologische Strategie der Korallen, sich von suboptimalen Symbiosepartnern zu trennen und eine Neubesiedelung einzuleiten. Danach wäre also das Coral Bleaching keineswegs als eine Art Erkrankung zu deuten, sondern vielmehr als Reaktion auf veränderte Umweltbedingungen, als ein Weg, sich neuen oder veränderten Gegebenheiten besser und schneller anzupassen.
Forschungsergebnisse haben gezeigt, dass in Korallen nach wiederholtem Temperaturanstieg die Anzahl des wärmetoleranten Typs der symbiontischen Algen signifikant zunahm. Korallen, die in Lagunen leben, sind zum Beispiel deutlich wärmeresistenter als ihre Artgenossen am Außenriff. Die Korallenbleiche wird – entsprechend ihrer Funktion als Anpassung an neue Umweltbedingungen – in der Fachliteratur auch als *Adaptive Bleaching* (adaptierende Korallenbleiche) bezeichnet.[4, 5, 6, 7, 8, 9]
Diese Ausführungen sollen aber auf keinen Fall darüber hinwegtäuschen, dass die in den letzten Jahren immer häufiger und immer verbreiteter auftretende Korallenbleiche eine Reaktion auf eine sehr ernste Bedrohung der Riffe darstellt: die Erhöhung der Wassertemperatur.
Wenn die Periode erhöhter Wassertemperatur nicht allzu lange anhält, können sich die betroffenen Organismen jedoch wieder erholen. Korallen geben selten ihre symbiontischen Algen komplett an das umgebende Wasser ab und erscheinen bereits bei 70–90 %iger Reduktion der Algen fast vollständig weiß. Die Tiere können sich also relativ schnell wieder erholen, weil sich die überlebenden Algen wieder vermehren und es nicht zwingend zu einer Neubesiedelung kommen muss.

*Rechts oben: Steinkoralle der Gattung Goniopora, Indischer Ozean (Malediven, Ari Atoll)*

*Unten: Weichkorallen der Gattungen Dendronephthya und Lobophytum, Rotes Meer (Ägypten, Marsa Alam)*

Für das zentrale Rote Meer wurde das durch menschliche Einflüsse verlangsamte Korallenwachstum bereits bewiesen. Wie ich noch zeigen werde, stellt in anderen Regionen der Tropen vor allem die Ansäuerung des Meeres und die daraus resultierende geringere Kalkbildung eine Gefahr dar.
Während die durchschnittliche Oberflächentemperatur in den Tropen seit Mitte der 1970er Jahre um 0,4 bis 1 °C angestiegen ist, beträgt der Temperaturanstieg in der untersuchten Region des Roten Meeres seit 1998 immerhin 0,9 bis 2,2 °C. Querschnitte von Korallen weisen ähnlich wie Bäume jahreszeitlich bedingte Wachstumsringe auf.[10] Damit sind – bezugnehmend auf die Temperaturen der vergangenen Jahrzehnte – genaue Untersuchungen von Wachstumsraten möglich. Kernbohrungen und anschließende Untersuchungen an den Steinkorallen haben gezeigt, dass die derzeitige Wachstumsrate auf einem neuen Tiefststand seit 1940 ist. Berechnungen zufolge werden bis zum Jahr 2099 die Temperaturen im Roten Meer um weitere 2,5 bis 3 °C ansteigen. Spätestens 2070 werden die Korallen ihr Wachstum vollständig eingestellt haben. Durch die permanente Erosion sowie durch die Tatsache, dass vermehrt mit Korallenbleiche zu rechnen ist, werden die Korallen des Roten Meeres allerdings vermutlich schon viel früher absterben.[11]
Das Problem ist aber nicht auf diese Region beschränkt, denn auch für viele andere Korallenriffe wurde bereits ein verlangsamtes Wachstum während der vergangenen Jahre nachgewiesen. So etwa für das australische Great Barrier Reef, wo die Kalkeinlagerung der untersuchten Korallen seit 1990 um mehr als 14 % zurückging. Bei den Hirnkorallen der Bermudas beträgt die Reduktion seit 1959 beachtliche 25 %.

Eine Studie aus dem Jahr 2008, bei der 845 riffbildende Korallenarten erfasst wurden, hat ergeben, dass etwa ein Drittel aller Korallen durch den Klimawandel und durch lokale Umwelteinflüsse auf der Roten Liste der gefährdeten Arten als »gefährdet«, »stark gefährdet« oder »vom Aussterben bedroht« einzustufen ist! Ein derart hoher Anteil gefährdeter Arten ist nur von sehr wenigen landlebenden Tiergruppen bekannt. Leider findet man ausgerechnet in den Riffen jener Regionen, welche die größte

*Linke Seite oben: Gelbe Gorgonie (Eunicella cavolini), Mittelmeer (Italien, Insel Elba)*

*Unten: Kelchkoralle (Cladopsammia gracilis) bei Nacht, Indischer Ozean (Malediven, Ari Atoll)*

Artenvielfalt aufweisen, den höchsten Anteil gefährdeter Korallenarten. Unter die nicht betroffenen Korallen fallen all jene Arten, die in tieferen Bereichen des Riffs jenseits einer Tiefe von 20 Metern leben, wo der Einfluss der Temperatur deutlich geringer ist. [12, 13, 14]

An die steigende Wassertemperatur können sich viele Korallen bis zu einem gewissen Grad anpassen, allerdings nur, wenn der Anstieg sehr langsam erfolgen würde, was durch den großen anthropogenen Einfluss leider nicht der Fall ist. Es gibt bereits jetzt Arten und Populationen, die hohe Temperaturen besser vertragen als andere. Im Arabischen Golf, wo die übliche Maximaltemperatur im Sommer bei 36 °C liegt, tritt nur bei deutlicher Überschreitung dieser Temperatur eine Korallenbleiche auf.[15] Der Anteil der Korallen, die bei höheren Temperaturen überleben können, wird in den kommenden Jahrzehnten in den Riffen weiter zunehmen. Die Gesamtverbreitung von riffbildenden Korallen wird insgesamt trotzdem stark zurückgehen.
Ein viel größeres Problem für die Korallen stellt jedoch wahrscheinlich der sinkende pH-Wert, also der Anstieg des Säuregehalts der Weltmeere, dar. Seit der industriellen Revolution ist der Kohlendioxid-Gehalt der Erdatmosphäre durch die Verbrennung fossiler Brennstoffe um über 32 % angestiegen und hat den höchsten Wert seit 420 000 Jahren erreicht.[16, 17] Ein großer Teil der exorbitant hohen Menge wird vom Meerwasser in Form von Kohlensäure gebunden,[18] wodurch der pH-Wert des Meerwassers sinkt. Geochemische Modelle sagen ein Sinken um 0,8 Einheiten bis zum Jahr 2300 voraus, also eine fast zehnfache Erhöhung des Säuregehalts und damit Voraussetzungen, die für Korallen absolut lebensfeindlich sind. Bedingungen, unter denen Riffe, wie wir sie heute kennen, nicht mehr genügend Wachstum aufweisen, um längerfristig bestehen zu können, sind wahrscheinlich schon deutlich früher erreicht.[17] Der pH-Wert des Meerwassers lag – mit Ausnahme einiger Katastrophen – in den letzten 300 Millionen Jahren niemals tiefer als 0,6 Einheiten unter dem derzeitigen Wert.[19, 21]

## Coral Triangle oder Korallendreieck

Als Coral Triangle oder zu Deutsch Korallendreieck wird jene Region bezeichnet, in der die Artenvielfalt der Korallenriffe am höchsten ist. Das Dreieck wird von Indonesien, Malaysia, den Philippinen, Papua-Neuguinea und den Salomonen gebildet. Ökologen sprechen bei einer Region höchster Artenvielfalt auch von einem Evolutionszentrum.
Leider weisen ausgerechnet die Riffe jener Regionen, welche die höchste Artenvielfalt aufweisen, den laut Roter Liste der IUCN (Weltnaturschutzunion) höchsten Anteil gefährdeter Korallenarten auf.
Durch die große Korallenbleiche des Jahres 1998 waren weltweit Riffe betroffen, je nach Region mehr oder weniger stark. Nicht weniger als 16 % der Riffe wurden dabei irreversibel zerstört! Am stärksten betroffen von der Korallenbleiche 1998 waren die Riffe des Indischen Ozeans. Viele Riffe wurden so stark zerstört, dass die dreidimensionale Struktur verloren ging, was zu einem massiven Rückgang der Fischpopulation führte.

Eine für das Leben und Überleben von Korallen notwendige Struktur ist ihr Kalkskelett, das durch den Metabolismus der Polypen erzeugt wird. Dieser funktioniert aber nur, solange der Säuregehalt im Wasser relativ niedrig ist. Der pH-Wert von »gesundem« Meerwasser liegt bei etwa 8,2. Die oben angeführten Schwankungen des pH-Wertes erscheinen dem Laien sehr niedrig, doch man muss sich vor Augen halten, dass es sich bei den Werten um eine logarithmische Skala handelt. Sinkt der pH-Wert um 0,1 Einheiten, so bedeutet dies einen Anstieg des Säuregehaltes um 30 %!

**Metabolismus**
Unter Metabolismus versteht man den Stoffwechsel von Organismen

Es ist relativ unwahrscheinlich, dass sich Korallen an die anthropogen bedingten Änderungen der Temperatur und des Chemismus des Meerwassers gewöhnen könnten. Sie haben eine sehr hohe Lebenserwartung und daher weisen die einzelnen Generationen, anders als bei kurzlebigen Organismen, sehr große zeitliche Abstände auf. Die Anpassung im Sinne von Selektion und Vererbung günstiger Erbmerkmale an die Nachkommen hinsichtlich Temperatur- und Säuretoleranz kann daher mit der sehr schnellen Veränderung der Temperaturen und des Säuregehaltes des Wassers nicht mithalten.

Die Tatsache, dass sehr viele Riffe bereits verloren sind, ist ein zusätzliches Indiz, das für diese Theorie spricht. Eine im Jahr 2000 veröffentlichte Studie ergab, dass bereits 27 % aller Korallenriffe unserer Erde zerstört wurden. Besonders schwer sind die Schäden im Indischen Ozean und im Mittleren Osten, wo bereits 59 % bzw. 35 % der Riffe verloren sind. Allein durch die im Jahr 1998 erfolgte weltweite Erwärmung der tropischen Gewässer durch das El-Niño-Phänomen wurden 16 % aller Korallenriffe zerstört.[22, 23, 24]
Nach derzeitigem Wissensstand sind für die Zukunft der Korallenriffe drei verschiedene Szenarien möglich, je nachdem, wie sich die $CO_2$-Belastung der Atmosphäre durch den Menschen entwickelt.[25]

- Im unwahrscheinlichen Fall, dass sich durch eine enorme Reduktion des $CO_2$-Ausstoßes die derzeitige Konzentration in der Atmosphäre stabilisiert, würden sich die Korallenriffe zwar hinsichtlich Artenvielfalt und Artendominanz verändern, wären aber weiterhin von Korallen dominiert.

- Wenn sich der derzeitige Anstieg der $CO_2$-Konzentration in der Atmosphäre in ähnlicher Weise fortsetzt, fällt das Vorkommen des für den Aufbau des Kalkskeletts der Korallen notwendigen Karbonats (siehe Kasten auf den Seiten 28–29) unter die kritische Schwelle. Dann wäre die Erosion größer als das Wachstum. Die Korallenriffe würden sehr stark zurückgehen beziehungsweise einen Änderungsprozess durchlaufen, der zu völlig anders gestalteten Riffen führen würde,

## Zur Chemie der Kalkentstehung

Das Kohlendioxid ($CO_2$) reagiert mit dem Meerwasser ($H_2O$) nach folgender Reaktion zu Kohlensäure:

$$CO_2 + H_2O \Leftrightarrow H_2CO_3 \quad (1)$$

Die Säure reagiert weiter zu Hydrogenkarbonat und einem Proton (Wasserstoff-Ion), der Chemiker sagt dazu »die Säure dissoziiert«:

$$H_2CO_3 \Leftrightarrow HCO_3^- + H^+ \quad (2)$$

Das Proton reagiert mit dem im Meerwasser stets vorhandenen Karbonat ($CO_3^{2-}$) zu Hydrogenkarbonat:

$$(3) \qquad H^+ + CO_3^{2-} <=> HCO_3^-$$

Das Skelett der Korallen besteht aus Kalk ($CaCO_3$), auch als Kalziumkarbonat bezeichnet. Der Kalk wird von der Koralle unter Mithilfe der symbiontischen Algen aus dem gelösten Kalzium und aus dem Karbonat des Meerwassers synthetisiert:

$$(4) \qquad Ca^{2+} + CO_3^{2-} <=> CaCO_3$$

Bei all diesen Reaktionen handelt es sich um sogenannte Gleichgewichtsreaktionen, was durch den Doppelpfeil angedeutet ist. Im Falle des sich in der 1. Formel im Wasser lösenden Kohlendioxids bedeutet das, dass nie das gesamte Kohlendioxid mit dem Wasser zu Kohlensäure reagiert, sondern dass immer ein Teil in Form von freiem Kohlendioxid im Wasser vorhanden ist. Das gilt analog für die Reaktion, bei der Kalk entsteht. Da Kalk aber ein in Wasser sehr schlecht lösliches Salz darstellt, liegt in diesem Fall das Reaktionsgleichgewicht sehr stark auf der Seite des Kalkes, in obiger Reaktionsgleichung also auf der Seite des $CaCO_3$, und nur relativ wenig $CO_3^{2-}$ und $Ca^{2+}$ ist in freier Form im Wasser vorhanden.

Man kann sich das verdeutlichen, wenn man ein Stück Kalk in ein Glas mit destilliertem Wasser wirft. Der Kalk löst sich nur in so geringem Maße auf, dass dies für das freie Auge nicht sichtbar ist. Nach einiger Zeit entsteht ein Gleichgewicht, das heißt, der Kalk kann sich nicht weiter auflösen, da bereits die maximal mögliche Konzentration an $Ca^{2+}$ und $CO_3^{2-}$ im Wasser vorhanden ist. Erst wenn man weiteres destilliertes Wasser hinzufügt, kann sich wieder etwas mehr Kalk auflösen.

Betrachten wir nun nochmals die Reaktionsgleichung 3. Hier wird Karbonat ($CO_3^{2-}$) verbraucht beziehungsweise von der Säure in Hydrogenkarbonat umgewandelt. Und je mehr Kohlendioxid in der Atmosphäre vorhanden ist, desto stärker ist dieser Effekt, weil ja laut Gleichung 1 das Kohledioxid mit Wasser zu Säure reagiert. Das bedeutet für die letzte Reaktionsgleichung, in der die Kalksynthese der Korallen dargestellt ist, dass zunehmend weniger Karbonat für die Kalksynthese verfügbar ist, wenn der Säuregehalt in den Meeren ansteigt. Die Koralle kann daher weniger effizient Kalk synthetisieren. Im Extremfall kann sich das Kalkskelett sogar teilweise auflösen. Diesen Effekt nutzen wir alle, wenn wir mit Essigwasser Kalkreste in unserer Küche und im Badezimmer entfernen. Ähnliches passiert – in deutlich schwächer ausgeprägter Form – mit dem Kalkskelett der Korallen, wenn der pH-Wert der Meere unter einen kritischen Wert sinkt.

als wir sie heute kennen. Die Artenvielfalt der Korallen und aller assoziierten Fische und Wirbellosen wäre in diesem Szenario deutlich geringer, während Algen mehr in den Vordergrund treten würden.

- Das schlimmste Szenario geht von einem weiteren deutlichen Sinken der Karbonatkonzentration und einem Steigen der Wassertemperatur der Meere um 2 °C aus. Das würde zu einem fast vollständigen Verlust von riffbildenden Korallen

### Upwelling, El Niño und La Niña

In Zusammenhang mit der Korallenbleiche ist immer wieder die Rede von El Niño und La Niña. Die beiden Phänomene sollen daher hier kurz erläutert werden.
Insbesondere an den Westküsten der Kontinente existieren große Gebiete, in denen durch ablandigen Wind und Oberflächenströmungen das warme Oberflächenwasser meerwärts strömt und durch kühles, sehr nährstoffreiches Tiefenwasser ersetzt wird *(Upwelling)*. Diese Regionen zählen zu den produktivsten der Meere und sind von sehr großer Bedeutung für den Fischfang. Ungefähr um die Weihnachtszeit (daher die Bezeichnung El Niño, was auf Spanisch Kind bzw. Christkind bedeutet) kommt es im Pazifik wetterbedingt zu Strömungsverhältnissen, die das Upwelling unterbinden. Der kühle, von Süden kommende Humboldtstrom wird in der Folge abgeschwächt. In Jahren, in denen das El-Niño-Phänomen besonders stark ausgeprägt ist, kommt es daher zu einer sehr starken Erwärmung des küstennahen Oberflächenwassers im östlichen Pazifik. Dadurch ändern sich die Strömungsverhältnisse und damit die Oberflächentemperaturen im gesamten Indopazifik. Es kommt zu sintflutartigen Regenfällen, Überschwemmungen und in Gebieten hoher Temperaturen zu Korallenbleiche. Möglich sind auch langfristige Änderungen des pH-Wertes des Meerwassers in den betroffenen Regionen. Die Umkehrung von El Niño wird als El Niña bezeichnet. Beide Phänomene sind normale, jahreszeitlich auftretende Klimaerscheinungen. Man nimmt jedoch an, dass sie durch den Treibhauseffekt häufiger auftreten und verstärkt werden. Es ist daher schwierig, eindeutige Aussagen über die Gründe regionaler Änderungen des pH-Wertes des Meerwassers zu treffen bzw. diese zu interpretieren.[19, 20]

führen. Es stimmt höchst bedenklich, dass die hier mit *worst-case* bezeichneten Bedingungen lediglich die schlechtesten Bedingungen darstellen, für die eine Simulation ihres Einflusses auf unsere Riffe durchgeführt wurde. Tatsächlich gehen viele Klimaforscher davon aus, dass der $CO_2$-Anstieg in den kommenden Jahrzehnten noch deutlich höher sein wird.

Nicht nur die Korallen sind direkt vom niedrigeren pH-Wert der Meere betroffen. In den sogenannten Upwelling-Regionen im Bundesstaat Oregon an der Westküste Nordamerikas starben in den Jahren 2007 und 2008 etwa 80 % der Austernlarven ab, weil sie nicht in der Lage waren, ihre Kalkschale zu bilden. Upwelling-Regionen sind jene Gebiete des Meeres, wo – meist durch ablandigen Wind verursacht – kühles nährstoffreiches Wasser aus den tieferen Zonen an die Oberfläche strömt (siehe Kasten Seite 30).

Nun ist es allerdings so, dass dieses Wasser auf seiner langen Reise von den Polen, wo es einst an der Oberfläche $CO_2$ aufgenommen hat, durch die Tiefen der unterschiedlichen Ozeane bereits 30 bis 60 Jahre unterwegs war, bis es schließlich durch Upwelling an die Oberfläche kommt. Mit anderen Worten: Der niedrige pH-Wert des Wassers an jenen Stellen ist ein Rückblick um 30 bis 60 Jahre. Selbst wenn wir heute noch sämtlichen $CO_2$-Ausstoß stoppen würden, würde sich die Situation weitere 30 bis 60 Jahre lang verschlechtern, bevor sie sich stabilisieren und langsam wieder verbessern könnte.[26]

Weil das an die Oberfläche gelangende Tiefenwasser ohnehin schon mehr $CO_2$ enthält und daher eine niedrigere Kalksättigung als das normale Oberflächenwasser aufweist, sind Upwelling-Regionen für ein klimatisch bedingtes Absinken des pH-Wertes besonders anfällig. Für die südlich von Oregon im Bundesstaat Kalifornien gelegene Upwelling-Region wurde anhand von Klimamodellen der pH-Wert für die Jahre bis 2050 simuliert. Auch optimistische Klimamodelle sagen für diese Region ein Absinken des pH-Wertes unter eine kritische Schwelle voraus. 2050 wird das Oberflächenwasser nicht mehr wie gesundes Meerwasser mit Kalk übersättigt sein. Die genaue Auswirkung dieser Entwicklung ist noch weitgehend unklar, doch kann man jetzt schon mit Sicherheit sagen, dass sie schwerwiegende Folgen für viele kalkbildende Organismen haben wird und somit dramatische Folgen für das gesamte Ökosystem zu erwarten sind.[27]

Gleichzeitig mit der Erwärmung der Meere kommt es durch das Abschmelzen des Eises an den Polen in jedem Fall zum Anstieg des Meeresspiegels, womit die am Wachstum gehinderten Korallen möglicherweise nicht mithalten können.

Die weitreichenden Folgen der Zerstörung der Korallenriffe, wie etwa der Verlust von schützenden Riffen und die damit verbundene Erosion von Stränden, ja ganzen Inseln, sollen an dieser Stelle lediglich erwähnt, aber nicht weiter vertieft werden. Mit dem Verlust der Riffe verschwindet auch ein natürlicher Schutzwall gegen Stürme, Tsunamis und andere Naturkatastrophen. Daraus resultierende sozioökonomische Aspekte wie starker Rückgang von Urlauberzahlen in Inselstaaten, die vom Tourismus leben, sind die Folge.

*Taucherin am Riff mit Weichkoralle, (Ägypten, Marsa Alam)*

Die Tatsache, dass Korallenriffe hochkomplexe Ökosysteme sind, macht ihre Wiederherstellung sehr schwierig und die Folgen von gesetzten Maßnahmen unvorhersehbar. Auf den ersten Blick wäre durchaus zu erwarten, dass in einem Riff, in dem Aufwuchs fressende Fische wie Papageifische überhandgenommen haben (die durch ihre Ernährungsweise auch das Riff selbst schädigen), das ökologische Gleichgewicht wieder hergestellt werden kann, indem man Raubfische zur Reduzierung der Papageifische einsetzt. Untersuchungen haben jedoch gezeigt, dass dies definitiv nicht der Fall ist.[28] Die oft zitierten Nahrungsketten sind ein bei weitem zu einfaches Bild, das wir uns oft von Lebensräumen machen. Tatsächlich handelt es sich um höchst komplizierte Nahrungsnetze,[29] in denen beim Ausfall oder beim Hinzukommen eines einzelnen »Knotens«, also einer bestimmten Art oder Artengruppe, manchmal sehr schwerwiegende und völlig unvorhersehbare Auswirkungen zu beobachten sind. Es sind auch keineswegs alle Riffe gleich empfindlich. In sehr artenreichen Korallenriffen existieren häufig mehrere Arten, die sehr ähnliche Funktionen im Ökosystem übernehmen. Ein zahlenmäßiger Rückgang einer dieser Arten wird in diesem Fall oft von anderen kompensiert. Kleine, artenärmere Riffe sind daher mehr gefährdet bzw. schädigende Auswirkungen sind hier früher zu erkennen als in artenreichen, großen Riffen.

Wir wissen bis heute viel zu wenig über die Einflüsse des Menschen auf Korallenriffe und ihre langfristigen Auswirkungen. Diese Tatsache und viele andere komplexe Zusammenhänge erschweren effiziente Schutzmaßnahmen. Es gibt bereits umfangreiche Arbeitspläne wie etwa die der *Convention of Biological Diversity (CBD)* aus dem Jahre 2003, in denen die Maßnahmen für ein systematisches Erforschen des Coral Bleaching definiert sind.[30] Es stellt sich jedoch die Frage, ob die Korallenriffe das Ende von Studien dieser Art mit den daraus abgeleiteten Empfehlungen abwarten können, ohne in der Zwischenzeit zu großen Schaden zu nehmen. Wie so oft gilt insbesondere hier: Vorbeugen ist besser als heilen!
Neben der unbedingt notwendigen weltweiten Reduktion des $CO_2$-Ausstoßes sind weitere Schutz- und Vorbeugungsmaßnah-

men erforderlich, um unsere Korallenriffe am Leben zu erhalten, wie beispielsweise effiziente Maßnahmen zur Reduktion der Schadstoffbelastung der Meere. Darüber hinaus muss aber auch der Fischfang, insbesondere das Entfernen von Pflanzenbeziehungsweise Aufwuchsfressern einer strengen Regelung unterworfen werden. In Australien wurde dies bereits 2004 umgesetzt, indem die geschützten Regionen, sogenannte NTAs (*No Take Areas*, also Zonen, in denen der Fischfang verboten ist) von 5% auf 33 % des Great Barrier Reefs erweitert wurden. Es entstand dabei das weltweit größte Meeres-Schutzgebiet. Weitere positive Beispiele aus dem Indopazifik findet man unter anderem in den Inselstaaten Palau, Fidschi und den Salomonen. Solcherart geschützte Regionen stellen nicht nur ein Refugium für viele Tierarten dar. Aus diesen Regionen erfolgt auch ein natürlicher Export von Korallenlarven und Fischen für die Besiedelung benachbarter, nicht geschützter Gebiete. In Palau plant man ein ausgeklügeltes Netzwerk von Schutzgebieten, die so positioniert sind, dass die herrschenden Meeresströmungen für einen idealen Transport von Korallenlarven und Fischen sorgen und so die benachbarten, ungeschützten Gebiete ständig »beliefern«. Leider lagen jedoch bis 2007 nur etwa 3 % aller Riffe in geschützten Gebieten.[7, 31]

Eine umstrittene Maßnahme für die Instandsetzung zerstörter Riffe ist der künstliche Wiederaufbau durch diverse Strukturen aus Beton oder Kunststoff, weil damit teilweise die Symptome, nicht aber die Ursachen für die Riffzerstörung bekämpft werden. Der Wiederaufbau ist also nur in Zusammenhang mit Ursachenbekämpfung sinnvoll.[7]

*Seite 35: Weichkorallen am Elphinstone Riff, Rotes Meer (Ägypten)*

# Weichtiere – Urtümliche Gesellen

Zum sehr artenreichen Stamm der Weichtiere – der wissenschaftliche Name ist *Mollusca* – zählen insgesamt acht Tierklassen. Die für den Taucher interessantesten drei Klassen, nämlich die Schnecken *(Gastropoda)*, Muscheln *(Bivalvia)* und Kopffüßer *(Cephalopoda)* sollen in diesem Kapitel anhand einiger Vertreter der jeweiligen Klasse vorgestellt werden.

## Nacktschnecken

Im biologischen Sinne gibt es keine systematische Einheit der Nacktschnecken. Sie haben sich im Laufe der Evolution durch Reduktion der Schale in unterschiedlichen Gruppen innerhalb der Schnecken unabhängig voneinander entwickelt.
Im Unterschied zu den Schalenschnecken besitzen Nacktschnecken keine Möglichkeit, sich auf mechanische Art durch Zurückziehen in eine Schale zu schützen. Viele von ihnen haben daher zum eigenen Schutz andere Strategien entwickelt. Eine weit verbreitete Taktik ist die der chemischen Abwehr: Gifte (Toxine) in Form von chemischen Verbindungen oder von Nes-

*Seite 36:
Violette Fadenschnecke
(Flabellina affinis),
Mittelmeer (Kroatien,
Istrien)*

*Warzenschnecke
Phyllidia varicosa,
Indischer Ozean
(Malediven, Ari Atoll)*

selkapseln werden über die Nahrung aufgenommen und zum Schutz vor Räubern im Körpergewebe der Schnecken eingelagert. Häufig geht dies mit typischen Warnfarben der Tiere (Aposematismus) einher.

Die unter Tauchern wohl bekannteste schalenlose Schneckengruppe ist die Ordnung der Nacktkiemenschnecken *(Nudibranchia)*. Man nimmt an, dass während der Evolution der Nacktkiemenschnecken die Reduktion der Schale zeitlich parallel mit der Entwicklung chemischer Verteidigungsmechanismen abgelaufen ist. Während also mit der Zeit die Schalen immer kleiner wurden und schließlich endgültig verschwanden, entwickelten sich immer effizientere chemische Strategien, die gemeinsam mit einigen zusätzlichen Anpassungen zu einem ebenbürtigen Ersatz für die fehlende Schale führten.

Obwohl in der Gruppe der Nacktkiemenschnecken keine Übergangsformen mit sehr kleinen oder nur noch rudimentär vorhandenen Schalen existieren, gibt es in anderen Schneckenordnun-

## Zu den Begriffen Nacktschnecken und Gehäuse

Die weithin verwendete Bezeichnung »Nacktschnecke« ist aus Sicht des Biologen sehr ungenau, weil damit im weitesten Sinne alle Schnecken gemeint sind, die kein Gehäuse oder ein bis auf ein Minimum reduziertes, mit dem freien Auge nicht sichtbares Gehäuse besitzen. Der Begriff Nacktschnecke umfasst daher sowohl die den meisten Lesern vom Wandern wohlbekannten Wegschnecken *(Arion spp.)*, die zu den Lungenschnecken zählen, aber auch die unter Tauchern und Schnorchlern bekannten Nacktkiemenschnecken *(Nudibranchia)* und viele andere gehäuselose Schnecken, die völlig unterschiedlichen systematischen Gruppen zugeordnet werden.

In der Fachliteratur wird im Zusammenhang mit Schnecken auch der Begriff *Schale* anstatt des Begriffs *Gehäuse* verwendet, und zwar mit dem Argument, dass ein Gehäuse eine Struktur ist, die dessen Bewohner verlassen kann, eine Schale jedoch die bei Schnecken und Muscheln (Schalentiere) übliche, fest mit dem Körper verbundene Struktur darstellt. Statt von Gehäuseschnecken und Gehäusen ist dann von Schalenschnecken und Schalen die Rede.

gen viele Hinweise darauf, dass die Theorie der fortschreitenden Reduktion der Schale bei gleichzeitiger Zunahme alternativer Abwehrstrategien korrekt ist.

Die Goldschwammschnecke *Tylodina perversa* (Foto Seite 48 unten) beispielsweise hat eine nur mäßig ausgeprägte Schale. Sie ernährt sich bevorzugt vom namensgebenden, leuchtend gelben Goldschwamm *Aplysina aerophoba* und lagert dessen ungenießbare Stoffwechselprodukte ein. Der chemische Schutz ist aber ebenso mäßig ausgebildet wie die Schale – zusammen ist das allerdings ausreichend, um Räuber abzuhalten.[32]

Ein weiteres Beispiel für eine bereits sehr weit fortgeschrittene Reduktion der Schale sind die Seehasen (Foto unten). Das sind sehr große »Nackt«-Schnecken der Gattung *Aplysia*, deren Schale bereits so weit reduziert ist, dass sie – für den Laien nicht mehr sichtbar – ins Körperinnere eingewachsen ist. Seehasen haben bereits einen deutlich effektiveren chemischen Abwehrmechanismus entwickelt. Sie können – ähnlich wie Tintenfische – zur op-

*Kopf eines Seehasen (Aplysia sp.), Mittelmeer (Kroatien, Insel Hvar)*

tischen und chemischen Abschreckung von Feinden eine je nach Art kräftig rote oder weiße Flüssigkeit ins Wasser abgeben. Auch Seehasen nehmen die Toxine als Bestandteil der Nahrung auf.[33] Die Gifte, die über die Nahrung aufgenommen werden, stammen sehr häufig aus Algen, Schwämmen oder Nesseltieren. Sie werden im eigenen Körper angereichert, so dass sie schließlich in höherer Konzentration als in der aufgenommenen Nahrung vorhanden sind. Zusätzlich zur Ungenießbarkeit bzw. Giftigkeit dienen die eingelagerten Toxine auch der chemischen Tarnung. Die Schnecken entgehen so dem Geruchssinn eines potenziellen Fressfeindes.[34] Damit sie die Toxine aufnehmen können, ohne dabei selbst Schaden zu nehmen, sind sehr spezielle Eigenschaften erforderlich, wie zum Beispiel Immunität oder die Fähigkeit, die Entladung von Nesselkapseln zu verhindern. Viele Meeresschnecken sind daher ausgesprochene Nahrungsspezialisten und beschränken sich auf eine ganz bestimmte oder auf einige wenige Nahrungsquellen. Die Substanzen werden selektiv aufgenommen, im Körper angereichert und an Stellen abgelagert, an denen sie für den Schutz vor Räubern besonders wirkungsvoll sind, nämlich in den Körperanhängen (Cerata) oder am Mantelrand. Dieses Vorgehen gilt als Beweis dafür, dass der Schutz, den die Tiere dadurch erhalten, nicht zufällig entstanden ist, sondern von der natürlichen Selektion gefördert wurde.

Viel seltener synthetisieren Nacktkiemenschnecken ihre chemischen Waffen selbst. Bislang sind nur wenige Arten bekannt, die dazu in der Lage sind. Es ist sicherlich kein Zufall, dass diese Eigenschaft unter anderem bei Arten entdeckt wurde, deren Nahrungsquelle weder Toxine noch andere chemische Abwehrsubstanzen enthält.[36, 37]

*Seite 40 oben: Glenie's Prachtsternschnecke (Goniobranchus gleniei), Indischer Ozean (Malediven, Ari Atoll)*

*Unten: Kamm-Furchenschnecke (Antiopella cristata), Mittelmeer (Kroatien, Istrien)*

**Kleptomanie**
Weit verbreitet unter Nacktschnecken

Die Nacktschnecke *Elysia rufescens*, eine Vertreterin der Hinterkiemenschnecken *(Opisthobranchia)*, frisst unter anderem Algen, aus denen sie die Chloroplasten in ihr eigenes Körpergewebe aufnimmt, ohne sie zu verdauen. Chloroplasten sind die »Kraftwerke« der Pflanzenzellen, sie sorgen durch Photosynthese für Energie. Da sie von einem anderen Organismus übernommen werden, spricht man auch von Kleptoplastiden – also von gestohlenen Chloroplasten. Diese behalten auch nach der Aufnahme durch die Schnecke ihre photosynthetische Aktivität bei und verschaffen ihr einen zusätzlichen Energiegewinn. Die Energie wird dann unter anderem verwendet, um verschiedene sekundäre Metaboliten zu synthetisieren, die der chemischen Abwehr dienen.[35]

Andere Nacktschnecken, unter anderem Vertreter der Fadenschnecken, lagern in körpereigene Trägerzellen Zooxanthellen ein. Diese einzelligen Algen werden wir im Kapitel über Symbiosen noch näher kennenlernen. Die Energiegewinnung durch die Photosynthese der Algen wird auch hier – nach dem Einlagern in die Zellen der Schnecke – fortgesetzt und die Schnecke mit den Syntheseprodukten der Algenzellen versorgt. Die Alge profitiert bei dieser Symbiose von der geschützten Umgebung im Inneren des Schneckenkörpers.

Nicht bei allen Schnecken erfolgt die Aufnahme der Zooxanthellen auf direktem Wege, indem sie zum Beispiel an Anemonen fressen, welche die Algen in ihren Körper eingelagert haben. Manche Schneckenarten fressen sie mehr oder weniger zufällig. Bei allen untersuchten Schnecken stellt die Photosynthese der eingelagerten Zooxanthellen allerdings nur einen zusätzlichen Energiegewinn dar, denn ohne aktive Nahrungsaufnahme verhungern sie trotzdem früher oder später.[38, 39]

Chemische Abwehrmechanismen allein sind nicht immer effizient genug, um die Art zu erhalten, und darum wurden weitere Strategien entwickelt. Schnecken nehmen oft Farbpigmente aus ihrer Nahrungsquelle auf. Durch die Einlagerung dieser Pigmente weisen sie eine dem Untergrund, also ihrer Nahrung, sehr ähnliche Körperfärbung auf und eignen sich auf diese Art eine sehr gute Tarnung an.[40] Beispiele dafür sind die Warzenschnecke *Phyllidia flava* (Foto rechte Seite) sowie die bereits erwähnte Goldschwammschnecke *Tylodina perversa* (Foto Seite 48).

Nacktkiemenschnecken sind im Vergleich zu Vertretern anderer systematischer Gruppen innerhalb der Schnecken noch aus einem anderen Grund für Räuber unattraktiv: Ihr Körper enthält weniger Nährstoffe, die verwertbar sind, als der anderer Schneckenarten. Ein Räuber muss also mehr Aufwand betreiben und mehr Energie investieren, wenn er Nacktkiemenschnecken frisst. Im Sinne des Prinzips ökonomischer Entscheidungen, welches besagt, dass Lebewesen bei der Nahrungssuche die Nährstoffaus-

*Die Warzenschnecke Phyllidia flava frisst am Schwamm der Gattung Axinella und nimmt dessen Farbstoffe auf, um sich zu tarnen. Im Bild sind drei Individuen zu finden. Mittelmeer (Kroatien, Insel Rab).*

beute pro Zeiteinheit ebenso wie das damit verbundene Risiko zu optimieren versuchen, ist es daher für einen Räuber wenig effizient, Nacktkiemenschnecken zu fressen, wenn andere Beutetiere mit der gleichen Häufigkeit verfügbar sind.[41]
Außerdem: Während der Nährwert einer Nacktkiemenschnecke bereits niedriger ist als der anderer Schnecken, sind die Nähr-

stoffe innerhalb der Schnecke auch noch ungleich verteilt. Die Körperteile, die am meisten gefährdet sind, nämlich die Cerata und der Mantelrand, enthalten die geringsten Konzentrationen an Nährstoffen. Schlimmer noch für den Fressfeind: Diese Bereiche sind auch mit Nesselzellen und/oder ungenießbaren chemischen Verbindungen beladen. Potenzielle Fressfeinde schlagen beim ersten Kontakt mit einem Tier nie ohne Rücksicht auf Verluste zu, sondern versuchen zunächst herauszufinden, ob das Opfer genießbar und wehrlos ist. Dabei erfolgt im Falle von Nacktkiemenschnecken meist eine Attacke auf die oben genannten Körperteile. Der Angreifer merkt dann sehr schnell, dass dieses Tier nicht ins Beuteschema passt. Die den Fressfeinden am meisten ausgesetzten Körperteile sind nicht nur am effizientesten geschützt, sondern auch vorübergehend entbehrlich und können nachgebildet werden.[42]

**Nacktkiemenschnecken** schmecken nicht und sind wenig nahrhaft

Die im Mittelmeer endemische Leopardenschnecke *Peltodoris atromaculata* (Foto Seite 45) frisst fast ausschließlich am Feigenschwamm der Art *Petrosia ficiformis.*[43, 44] Die maximal 12 cm große, meist deutlich kleinere Schnecke ist am einfachsten zu entdecken, wenn man nach dem intensiv rötlich-rosa gefärbten Schwamm sucht. In unmittelbarer Nähe oder direkt auf dem

*Pyjamaschnecke (Chromodoris quadricolor), Rotes Meer (Ägypten, El Quseir)*

*Die Leopardenschnecke frisst am Feigenschwamm Petrosia ficiformis. Die Fraßspuren sind deutlich zu erkennen. Mittelmeer (Kroatien, Insel Pag).*

Schwamm findet man das wunderschöne Tier regelmäßig. Meistens sind auch Fraßspuren zu erkennen, die von der Schnecke am Schwamm hinterlassen wurden. Der Schwamm enthält ein Toxin, das die Schnecke zum Schutz vor Räubern in ihrem Körper einlagert.[45, 46]

Die indopazifische Warzenschnecke *Phyllidia varicosa* (siehe Foto Seite 37) ernährt sich von einem Schwamm, der ein Gift gegen Fische enthält, und lagert es in ihren eigenen Körper ein, ohne dabei selbst Schaden zu nehmen. Auch diese Schnecke macht sich also ein Toxin zunutze, das von einem anderen Tier als Fraßschutz produziert wurde.

Von der pelagisch und nahe oder direkt an der Oberfläche lebenden Nacktkiemenschnecke der Gattung *Glaucus* ist bekannt, dass sie an sehr stark nesselnden Hydrozoen, einer Klasse der Nesseltiere, wie zum Beispiel der Portugiesischen Galeere *Physalia physalis*, frisst und deren Nesselkapseln speichert. Auch beim Menschen kann diese Schnecke bei Hautkontakt zu schlimmen

Vernesselungen führen, die den von der Portugiesischen Galeere verursachten in nichts nachstehen.[47, 48]
Manchmal durchläuft ein biogenes Toxin weite Wege durch die Nahrungskette, um in jedem der Organismen als – allerdings nicht universell wirksamer – Fraßschutz zu dienen: Das Toxin der im Roten Meer und im Indopazifik lebenden, unter Tauchern sehr bekannten Spanischen Tänzerin *Hexabranchus sanguineus*, einer wunderschön rot-weiß gefärbten Nacktkiemenschnecke, stammt auch von einem der Schnecke als Nahrungsquelle dienenden Schwamm.[49] Das Toxin wird zum Schutz des Geleges auch in die Eier der Schnecke eingelagert. Dieser Schutz ist jedoch nicht universell wirksam, wie das Beispiel einer anderen Nacktschnecke zeigt: *Favorinus japonicus* hat sich im Laufe der Evolution auf das Fressen der Eier der Spanischen Tänzerin spezialisiert und lagert deren Gift wiederum für ihren eigenen Schutz ein.[50] Fressen oder gefressen werden – der ewige Wettstreit zwischen Räuber und Beute wird hier unter anderem auf chemisch-physiologischem Wege ausgetragen.

## Nacktkiemenschnecken – Die Kleptomanen unter den Nacktschnecken

Die mit mehr als 2000 Arten[51] sehr artenreiche Ordnung der Nacktkiemenschnecken *(Nudibranchia)* gliedert sich in weitere vier Unterordnungen. Die nachfolgend beschriebene Eigenheit, sich fremde Nesselkapseln zunutze zu machen, ist bei allen Vertretern dieser Ordnung vorhanden, am häufigsten untersucht und beschrieben ist sie in der Unterordnung der Fadenschnecken *(Aeolidina)*.

Im Laufe der Evolution haben sich die Nacktkiemenschnecken eine ebenso ausgefallene wie erfolgreiche Strategie für die Abwehr von Feinden angeeignet. Viele von ihnen ernähren sich von Nesseltier-Polypen (z. B. Anemonen, Hydrozoen), deren Nesselkapseln sie in ihr eigenes Körpergewebe einbetten, um sich so vor Fressfeinden zu schützen. Die Nesselkapseln werden im Nesselsack (Cnidosac) an der Spitze der Ce-

rata, der am Rücken gelegenen Fortsätze der Schnecken, eingelagert (s. Foto links). Dorthin gelangen sie über den Mitteldarm und dessen blind endende Verzweigungen, die bis weit in die Fortsätze hineinreichen. In jedem der Cerata können mehrere hundert Nesselkapseln eingelagert werden, die bei starker mechanischer Einwirkung durch einen potenziellen Feind über feine Poren beziehungsweise »Sollbruchstellen« am Ende der Körperanhänge abgegeben werden.[52, 53, 54] Die auf diesem Wege von Fremdorganismen erworbenen Nesselkapseln werden auch als Kleptocniden, also »gestohlene Nesselkapseln«, bezeichnet. Viele Nacktkiemenschnecken besitzen darüber hinaus eine sehr auffällige Färbung, um potenziellen Fressfeinden mitzuteilen: »Ich bin giftig!« Insbesondere die äußersten Spitzen der Cerata, also der Ort, an dem die Nesselkapseln eingelagert werden, sind zu diesem Zweck häufig markant gefärbt (siehe Foto der Wander-Fadenschnecke *Cratena peregrina* auf dieser Seite).

Bei manchen Vertretern der Nacktkiemenschnecken erfolgt der Transport der Nesselkapseln in den Nesselsack über eigene Fress-

*Wander-Fadenschnecke Cratena peregrina, Mittelmeer (Kroatien, Istrien)*

zellen, welche die Nesselkapseln aufnehmen, bei den Fadenschnecken hingegen in freier Form über feine Flimmerhärchen (Cilien) im Mitteldarm.[55] Das ist deshalb von Interesse, weil man aus diesem Unterschied möglicherweise auf die evolutive Entstehung der Kleptocniden schließen kann. Die speziell dafür vorgesehenen Zellen zum Transport der Nesselkapseln durch den Körper lassen darauf schließen, dass es sich anfangs lediglich um eine Ausscheidungsfunktion der giftigen Nesselkapseln handelte, um die Schnecke vor dem Gift zu schützen. Erst im weiteren Verlauf der Evolution machten sich die Schnecken die Nesselkapseln zunutze, um sie für ihre eigene Abwehr zu verwenden. Nacktkiemenschnecken konnten dadurch eine ökologische Nische erschließen, die ihnen sowohl Nahrung als auch Schutz bietet.

Damit sind die Möglichkeiten der Nacktkiemenschnecken im Umgang mit Nesselkapseln aber noch nicht erschöpft. Nesseltiere haben unterschiedliche Nesselkapsel-Typen, die jeweils gegen bestimmte Feinde besonders effizient wirken. Abhängig davon, welche potenziellen Fressfeinde in der Nähe sind, können Fadenschnecken jenen Typ von Nesselkapseln vermehrt in ihre

*Die relativ seltene Goldschwammschnecke (Tylodina perversa), Mittelmeer (Kroatien, Insel Hvar)*

Cerata einlagern, der gegen den vorhandenen Feind am effizientesten wirkt. Wechselt der Gegner, so werden andere Nesselkapseln eingelagert. Die Schnecke erkennt dabei den anwesenden Feind über chemische Reize.[56]

Wie stellt die Schnecke es an, die Nesselkapseln zu fressen, ohne dass dieselben entladen werden und ihre eigentliche Aufgabe, nämlich den Schutz des Nesseltiers vor Fressfeinden, nicht erfüllen können? Untersuchungen haben gezeigt, dass Fadenschnecken eine körpereigene Schutzschicht produzieren, die das Entladen der Nesselkapseln verhindern. Arten, die sich von unterschiedlichen Nesseltieren ernähren, produzieren, wenn sie von einem zum anderen Nesseltier als Nahrungsquelle wechseln, innerhalb weniger Tage eine Schutzschicht aus Schleim, die spezifisch genau die gerade gefressene Art von Nesselkapseln am Entladen hindert.[57] Darüber hinaus bilden alle Nacktkiemenschnecken in der Haut, aber auch im Maul und im Magen, winzig kleine Chitinpartikel, die in die Körperzellen eingelagert

*Gelege einer Leopardenschnecke (Peltodoris atromaculata), Mittelmeer (Kroatien, Istrien). Viele marine Schnecken reichern die über die Nahrung aufgenommenen Toxine auch in ihren Eiern an, um sie vor Fraß zu schützen.*

*Die Nacktkiemenschnecke Cratena peregrina bei der Nahrungsaufnahme. Die beiden Bilder wurden im Abstand von elf Sekunden geschossen. Im linken Bild ertastet die Schnecke einen Polypen, der sich knapp über ihrem Kopf befindet. Im rechten Bild ist der Polyp bereits in ihrem Maul verschwunden. Mittelmeer (Kroatien, Istrien).*

werden. Wenn die Schnecke durch Nesselkapseln ihrer Beute verletzt wird, scheidet sie diese Partikel über die Körper- bzw. Magenoberfläche aus. Die Chitinteilchen binden sich an die Nesselkapseln und sorgen dafür, dass die Kapseln nicht am Körper hängen bleiben, sondern sofort abgesondert werden können. Defekte Bereiche der Haut oder der Magenwand werden sehr rasch von der Schnecke nachgebildet.[58, 59, 60, 61]

Nacktkiemenschnecken haben also zweierlei Strategien, um sich vor den Nesselkapseln in ihrer Nahrung zu schützen: durch Absondern von Schleim, um die Kapseln an ihrer Entladung zu hindern, oder durch Freisetzen von Chitinpartikeln, um ein Anhaften entladener Nesselkapseln und eine damit verbundene großflächige Zerstörung der Körperoberfläche zu verhindern. (Das Foto auf Seite 52 zeigt die Violette Fadenschnecke *Flabellina affinis* bei der Nahrungsaufnahme auf einer Hydrozoen-Kolonie der Gattung *Eudendrium*.)

Die Strategie der Nacktkiemenschnecken ähnelt der von Anemonenfischen, die verhindern, dass sie von ihrer Anemone genesselt werden, zum Beispiel, indem sie durch wiederholten Kontakt den Schleim der Wirtsanemone übernehmen und es so der Anemone unmöglich machen, den Fisch als Fremdkörper oder Feind zu erkennen (mehr dazu im Kapitel *Lebensgemeinschaften – Symbiosen* ab Seite 144).

Der Leser fragt sich vielleicht, wie die sehr kleinen Nacktschnecken überhaupt ihre oft recht selten vorkommenden Nahrungsquellen wie Hydroiden oder Schwämme finden, um sie erfolgreich besiedeln zu können. Die Antwort darauf findet sich in der Entwicklung aus dem Ei zum Jungtier. Aus dem Ei schlüpft vorerst eine planktontische Larve, die bei Weichtieren Veliger genannt wird. Diese Larve wandelt sich unter den richtigen Umgebungsbedingungen in das Jungtier um, nachdem es sich an ein passendes Substrat angeheftet hat. Die Umwandlung erfolgt bei Tieren, deren Nahrungsquelle eher selten vorkommt, nur durch direkten Kontakt damit. Dadurch ist sichergestellt, dass die Besiedelung erfolgreich ist, denn ein aktives Aufsuchen durch die junge Schnecke ist durch das seltene Vorkommen der Nahrungsquelle nicht möglich. Bei anderen Nacktschnecken, deren Nahrungsquelle häufiger vorkommt, genügt ein chemischer Reiz, der in Form von im Wasser gelösten Proteinen von der Nahrungsquelle ausgeht.[62]

*Prachtsternschnecke Goniobranchus leopardus, Indischer Ozean (Indonesien, Bali)*

Einige Hydrozoen-Kolonien werden auch von mehreren unterschiedlichen Nacktschnecken-Arten besiedelt. Die Schnecken stehen dabei interessanterweise nur in sehr geringem Ausmaß

*Violette Fadenschnecke (Flabellina affinis) auf ihrer Nahrungsquelle, der Hydrozoenkolonie Eudendrium, Mittelmeer (Kroatien, Istrien)*

miteinander in Konkurrenz, denn sie haben sich auf verschiedene Bereiche der Kolonie spezialisiert und konsumieren unterschiedliche Polypentypen auf verschiedene Art und Weise. Je nach Größe und Beschaffenheit werden die Polypen abgebissen oder ausgesaugt. Selbst wenn sich unterschiedliche Arten direkt begegneten, wurde kein aggressives Verhalten beobachtet.[63]

All diese Entwicklungen und speziellen Anpassungen der Nacktkiemenschnecken haben vermutlich zur enormen Artenvielfalt dieser faszinierenden Ordnung der Schnecken beigetragen. Die Verbreitung der einzelnen Arten wurde dadurch beeinflusst und die Anpassung an Beute ermöglicht, die mit giftigen Nesselkapseln ausgestattet und für andere Tierarten ungenießbar ist. Nacktkiemenschnecken sind somit ausgezeichnete Forschungsobjekte der chemischen und evolutionären Ökologie.

### Achtung, Fälschung!

Einige Plattwurm-Arten sehen Nacktschnecken zum Verwechseln ähnlich. Da Plattwürmer in der Regel über keine effizienten Abwehrmechanismen verfügen, müssen sie sich auf andere Weise schützen: Sie imitieren die ungenießbaren Nacktschnecken in Form und Farbe auf verblüffende Art und Weise.

Das Imitieren anderer Arten in Aussehen und Verhalten bezeichnet man als Mimikry. Sieht man genauer hin, so kann man Plattwürmer durch ihre flachere Körperform und die meist fehlenden Körperanhänge (Ausnahme sind die Kopflappen) von den Nacktschnecken unterscheiden. Viele Plattwürmer sind räuberisch. Dieses Bild zeigt einen Plattwurm der Gattung *Prostheceraeus.* Mittelmeer (Kroatien, Insel Hvar).

## Kopffüßer – Intelligente Verwandlungskünstler

Die bekanntesten Vertreter der Klasse der Kopffüßer *(Cephalopoda)* sind die Kraken und die Sepien, die beide zur Unterklasse der Tintenfische *(Coleoidea)* zählen. Während die Kraken – wegen ihrer acht Arme auch als Oktopoden bezeichnet – bodengebunden leben, halten sich die zehnarmigen Sepien und vor allem die Kalmare im Freiwasser auf.

Kopffüßer unterscheiden sich mehrfach von den anderen beiden Klassen der in diesem Buch vorgestellten Weichtiere. Wegen ihrer im Vergleich zu anderen Weichtierklassen großen Beweglichkeit sind sie auf eine bessere Sauerstoffversorgung angewiesen und haben deshalb ein sehr hoch entwickeltes Blutgefäßsystem. Jede Kieme enthält ein zusätzliches Kiemenherz und damit besitzen sie insgesamt drei Herzen für einen effizienten Transport des Blutes. Die Augen sind sehr komplex aufgebaute Organe, die wie das Wirbeltierauge eine Linse aufweisen.

*Seite 54–55:*
*Der Gemeine Oktopus (Octopus vulgaris) ist wie alle Kopffüßer ein Meister der Tarnung, Mittelmeer (Spanien, Ibiza)*

Kraken haben einige interessante Mechanismen und Verhaltensweisen zur Tarnung entwickelt. Sie können nicht nur ihre Körperoberfläche durch Muskeln in der Haut an die Form ihrer Umgebung anpassen (siehe Foto auf Seite 59 oben), sondern auch binnen weniger Sekunden die Farbe wechseln. Dies geschieht mit Hilfe von Chromatophoren, die zu Tausenden, über die gesamte Körperoberfläche verteilt, in der Haut der Tiere liegen. Chromatophoren bestehen aus Pigmentzellen, die durch radial angeordnete Muskeln und Nerven in Größe und Form verändert werden können, was zur Änderung der Farbe des Tieres führt.

Meistens erfolgt die Verfärbung, um sich einem anderen Untergrund anzupassen. Aber auch Stimmungen des Tieres wie etwa Angst oder Aggression können zu sehr schnellen, fast schon an ein Blinken erinnernde Farbänderungen führen. Die beiden Fotos auf der linken Seite zeigen den Gemeinen Oktopus (*Octopus vulgaris*) mit unterschiedlicher Färbung. Zwischen beiden Aufnahmen liegen lediglich zwei Sekunden! Aquarienbeobachtungen haben gezeigt, dass Oktopoden sogar eine völlig weiße Färbung annehmen, wenn sie sich auf einem entsprechenden Untergrund befinden.[64]

Zusätzlich zur Farb- und Formanpassung der Kraken, die sie meist auf felsigem und mit Algen bewachsenem Untergrund einsetzen, haben sie eine Verhaltensweise entwickelt, um sich auf glattem Sand vor Feinden zu tarnen. Das Tier schreitet dabei auf seinen beiden am hinteren Körperende liegenden Armen, während die anderen sechs Arme zur Seite und nach oben weggestreckt werden und sehr skurrile Formen annehmen. Die beiden »Schreitbeine« werden u-förmig gekrümmt und ähnlich wie die Raupen eines Baggers eingesetzt, allerdings abwechselnd. Auf diese Art und Weise bewegt sich ein Krake schneller als mittels der herkömmlichen Fortbewegungsart, bei der das Tier mit seitlich ausgestreckten Armen über den Boden gleitet. Mit dieser Methode kann sich ein Krake über offenen Sandboden bewegen, ohne von potenziellen Feinden sofort erkannt zu werden, da seine Körperform an ein über den Sandgrund treibendes Algenbüschel erinnert.[65]

*Seite 56: Gemeiner Krake (Octopus vulgaris), Mittelmeer (Kroatien, Insel Pag). Die beiden Bilder zeigen, wie schnell sich ein Krake verfärben kann. Sie wurden im Abstand von nur zwei Sekunden aufgenommen.*

## Mein neugieriger Freund

Während eines zweiwöchigen Tauchurlaubs auf der Insel Hvar in Kroatien fanden wir bereits bei einem der ersten Ufertauchgänge einen Oktopus in einer Höhle, dem wir in der Folge über die gesamte Aufenthaltsdauer täglich mehrere Besuche abstatteten. Das Tier legte zunehmend seine anfängliche Scheu ab, und schon bald hatten wir den Eindruck, dass der Oktopus erkannt hatte, dass wir ihm nichts anhaben wollten. Er kam bei jedem Besuch weiter aus seiner Höhle heraus, und wenn wir uns von seiner Höhle entfernten, um den Tauchgang fortzusetzen, blickte er uns neugierig hinterher. Bei einem weiteren Besuch verbrachte ich etwa zehn Minuten mit dem Fotoapparat an seiner Höhle, und er beobachtete mich ebenso neugierig wie ich ihn. Als ich mich mit der Kamera dann annäherte, um eine Nahaufnahme zu schießen, streckte er einen seiner acht Arme in Richtung Kamera aus und tastete die Frontscheibe ab. Das Foto oben zeigt den Oktopus kurz bevor er mit seinem Arm die Frontscheibe des Kameragehäuses berührte. Ich legte die Kamera und den Blitz neben seine Höhle und entfernte mich ein kleines Stück. Der Oktopus kam weit aus seiner Höhle heraus und tastete die Kamera ab. Besonders interessierte er sich für den Blitz. Während seiner Erkundung wechselte das Tier ständig die Farbe, was wohl auch seinen Gemütszustand widerspiegelte.
Als ich im Jahr darauf meinen Freund erneut besuchen wollte, fand ich nur mehr eine leere Höhle vor.

Kürzlich wurde beim indonesischen Ader-Oktopus *(Amphioctopus marginatus)* erstmals unter Wirbellosen der Gebrauch von »Werkzeug« beschrieben. Dieser Oktopus macht sich ins Meer geworfene Kokosnuss-Schalen zunutze, indem er die Schalen als künstliches Gehäuse verwendet. Das Tier trägt die Schalen ineinander gestapelt mit sich herum, um sich daraus bei Bedarf einen Unterschlupf zu bauen – eine unglaubliche kognitive Leistung! Beim Transport der Kokosnuss-Schalen sitzt der Oktopus in den ineinander gestapelten Schalen und geht dabei mit seinen acht Armen ähnlich wie eine Spinne über den Sandgrund. Es ist bestimmt kein Zufall, dass sich ausgerechnet eine Oktopusart, die vor allem auf Sandgrund lebt und daher in ihrem natürlichen Lebensraum wenig Versteckmöglichkeiten vorfindet, diese Verhaltensweise angeeignet hat.[66]

Nur auf der Flucht bewegen sich Oktopoden höchst auffällig mittels Rückstoßprinzip fort, indem Wasser aus der Mantelhöhle mit hoher Geschwindigkeit durch den Trichter ausgestoßen wird. Dies ist häufig mit dem Ausstoß sogenannter Tinte verbunden, einem schwarzen, melaninhaltigen Sekret.

*Der Gemeine Krake (Octopus vulgaris) passt seine Körperform den umliegenden Strukturen an, Mittelmeer (Kroatien, Insel Hvar)*

*Sepia bei Nacht, Indischer Ozean (Indonesien, Bali)*

Das sehr hoch entwickelte Gehirn der Tintenfische befähigt sie zu einigen verblüffenden Verhaltensweisen, von denen man vor nicht allzu langer Zeit dachte, sie seien auf die Wirbeltiere beschränkt. Bei Aquarienhaltung konnte nachgewiesen werden, dass sie durch Beobachten sehr schnell lernen können, wie etwa das Öffnen eines mit Drehverschluss verschlossenen Gurkenglases, in dem sich Futter befindet.[64, 67] Auch das Spielen mit ihnen angebotenen Gegenständen konnte beim Oktopus beobachtet werden.[68]
Oktopoden werden nur wenige Jahre alt. Oft versterben die Weibchen gegen Ende der Brutpflege an Schwäche oder durch Verhungern, da sie ihre Höhle während der Bewachung der dort abgelegten Eier nicht verlassen.

Sepien sind die zehnarmigen Verwandten der Oktopoden. Auch sie sind in der Lage, ihre Farbe innerhalb kürzester Zeit der Umgebung anzupassen. Zwei ihrer Arme sind als verlängerte Fangarme ausgebildet, die an ihren Enden Saugplatten haben. Sie können in Sekundenbruchteilen nach vorne geschnellt werden und dienen dem Beutefang. Während eines Nachttauchgangs in Kroatien ist es mir gelungen, den Beutefang fotografisch festzuhalten (siehe Foto unten).

Während ursprüngliche Formen der Kopffüßer wie etwa der Nautilus, der als Lebendes Fossil gilt, noch eine äußere Kalkschale aufweisen, hat sie sich bei anderen Arten im Verlauf der Evolution reduziert und ins Körperinnere verlagert. Sepien haben nur noch einen relativ großen Kalkschulp, der im Körperinneren eine Stütz- und Auftriebsfunktion übernimmt. Strandspaziergängern ist dieser längliche, flache und weiße Schulp bestimmt schon aufgefallen. Bei den Kalmaren – ebenfalls zehnarmige Kopffüßer, die allerdings fast ausschließlich im Freiwasser in größerer Entfernung vom Ufer vorkommen – ist die Schale auf einen sehr dünnen, glasartigen Stab reduziert. Oktopoden weisen keinerlei Schale mehr auf.

*Gemeine Sepie (Sepia officinalis) in der Nacht beim Fischfang. Das Tier verspeiste innerhalb etwa einer Minute drei Fische, die durch das Licht der Taucherlampe irritiert waren. Mittelmeer (Kroatien, Istrien).*

### Tintenfisch – wie irreführend doch deutsche Bezeichnungen sind!

Die Bezeichnung Tintenfisch für ein Weichtier ist etwas unglücklich gewählt, erweckt sie doch für den Laien den Eindruck, es sei von einem Fisch, also einem Wirbeltier die Rede. Leider wird der Begriff oft auch als Ersatz für die Bezeichnung Kopffüßer verwendet, was insofern nicht korrekt ist, als nicht alle Kopffüßer im Besitz eines Tintenbeutels sind. Der Nautilus beispielsweise, ein sogenanntes Lebendes Fossil, hat keinen Tintenbeutel, zählt aber ebenfalls zu den Kopffüßern.
Um die Zuordnung zu den Weichtieren bzw. die Verwandtschaft zu den *Gastropoda*, den Schnecken, hervorzuheben, ist die korrekte Bezeichnung für diese Unterklasse daher Tintenschnecken.

## Riesenmuscheln

Ebenfalls zum Stamm der Weichtiere zählen die Vertreter der Riesenmuscheln der Gattung *Tridacna*, die oft auch als Mördermuscheln bezeichnet werden. Die größte Art, *Tridacna gigas*, wird weit über einen Meter groß und kann mehrere hundert Kilogramm wiegen. Riesenmuscheln haben in ihrem Gewebe die gleichen symbiontischen Algen wie viele Nesseltiere eingelagert. Die Zooxanthellen kennen wir von den Korallen, mehr dazu im Kapitel über Symbiosen, wo ich noch weiter auf die Vorteile dieser Lebensgemeinschaft eingehen werde. Ebenso wie die Nesseltiere profitieren die Riesenmuscheln von den durch die Algen produzierten Nährstoffen, und die Algen finden im Inneren der Muschel ein sicheres Zuhause. Bei starkem Sonnenlicht können Riesenmuscheln einen Großteil ihres Energiebedarfs über die Photosyntheseprodukte der symbiontischen Zooxanthellen abdecken.[69] Die restliche Energie wird über Filtration von Plankton gewonnen.
Bei einem Versuch mit dem Bein einer Schaufensterpuppe konnte gezeigt werden, dass ein zwischen die Schalen einer großen Riesenmuschel gesteckter Fuß mit enormer Kraft festgehalten wird. Er kann tatsächlich nicht mehr aus eigener Kraft herausgezogen werden.[70] Die immer wieder zu hörenden Geschichten von ertrunkenen Perlentauchern, die versehentlich

mit einer Gliedmaße zwischen die Schalen einer großen Muschel kamen, sind also offenbar kein Mythos.

*Riesenmuschel (Tridacna sp.), Indischer Ozean (Malediven, Ari Atoll)*

Riesenmuscheln sind sehr langlebige und langsam wachsende Tiere, die erst mit etwa fünf Jahren fortpflanzungsfähig sind. In einigen Riffen Polynesiens ist die Individuendichte noch sehr hoch, es wurden weit über 100 Exemplare pro Quadratmeter gezählt. Hier haben die Tiere die höchste Reproduktions- und Wachstumsrate und genau aus diesen Riffregionen findet über die planktontische Larve auch ein »Export« von Individuen in andere Riffe und Regionen statt. Gerade aus diesen artenreichen Riffen werden aber auch die meisten Muscheln von den Fischern entnommen, was zu einer starken Einschränkung von Reproduktion und Verbreitung der Riesenmuscheln führen kann. All dies und die Tatsache, dass Riesenmuscheln in vielen Regionen des Pazifiks als wichtige Exportware für die Nahrungsmittelindustrie Verwendung finden, aber auch gerne in Aquarien gehalten werden, hat die Individuenzahl in vielen Regionen stark reduziert. Allein in Tahiti werden jährlich 50 Tonnen Riesenmuschelfleisch verkauft.[71, 72] Wie viele andere Tier- und Pflanzengruppen unserer Meere benötigen daher auch die Riesenmuscheln dringend Schutzprogramme, um kurzsichtigen Raubbau durch den Menschen zu unterbinden. Nur so kann der Fortbestand dieser sehr empfindlichen Tiere ermöglicht werden, die ohnehin unter zunehmend schwierigen Bedingungen durch Umweltverschmutzung und Klimawandel leiden.

## Zur Problematik der Artbestimmung – Name ist Schall und Rauch

An einigen Stellen dieses Buches war es nicht einfach, das abgebildete Tier zu bestimmen. Man sollte annehmen, dass die Artbestimmung für einen Biologen eine triviale Angelegenheit wäre. Dies ist aber keineswegs der Fall. Gründe dafür gibt es viele. Im Kapitel über giftige Tiere werden wir mehr über einige der 500–700 verschiedenen Arten von Kegelschnecken erfahren, die alle der Gattung *Conus* zugeordnet werden. Kein Bestimmungsbuch kann auch nur ansatzweise alle Arten erfassen und darüber hinaus werden immer noch neue entdeckt. In vielen Fällen sind sich nicht einmal die Taxonomen einig, ob es sich um verschiedene Farb- oder Formvarianten einer Art oder um mehrere Arten handelt.
Auch unter den Wirbeltieren gibt es schwierige Fälle. So etwa bei den Pygmäenseepferdchen. Einer der Vertreter dieser Gruppe wurde erst 2001 entdeckt und vorerst fälschlich als Jungtier einer bereits bekannten Art beschrieben. 2003 erkannte man, dass es sich um eine bis dato unbekannte Art handelte. Die Unterschiede sind aber so gering, dass sie selbst auf erstklassigen Fotos unter Umständen gar nicht erkennbar sind.
Ein weiteres Beispiel ist der Mantarochen (Foto Seite 66), von dem man noch bis vor wenigen Jahren nur die Art *Mobula birostris*, den Ozeanischen Manta, kannte. Heute unterscheidet man den Riffmanta *(Mobula alfredi)* vom Ozeanischen Manta. Der Laie kann keinen Unterschied erkennen und selbst das geschulte Auge hat Probleme, anhand eines Fotos zuverlässig die Art zu bestimmen. Hilfreich kann in diesem Fall der Aufnahmeort sein. So kommt der Riffmanta, wie der Name schon sagt, eher in ufernahen Regionen vor, während der Ozeanische Manta im offenen Meer lebt. An der vorsichtigen Formulierung des letzten Satzes kann man bereits erkennen, dass sich die ökologischen Nischen der beiden Arten überlappen – also auch keine hundertprozentige Sicherheit für die Artenbestimmung ermöglichen. Wann es beim Mantarochen zur Aufspaltung in zwei Arten kam, kann schon

alleine deshalb niemand sagen, weil es sich bei der Artbildung meistens um sehr langsame kontinuierliche Prozesse handelt. Wie groß müssen die Unterschiede mindestens sein, damit wir von zwei Arten sprechen können? Obwohl es hierfür Richtlinien gibt, kann man diese immer unterschiedlich interpretieren. Am Ende ist es aber Ansichtssache. Bei manchen Organismengruppen ist die Artbestimmung sogar nur im Labor unter Zuhilfenahme modernster Technik möglich, wo in Konservierungsmittel eingelegte Individuen innerlich und äußerlich genauestens untersucht werden.

Diese Probleme sollten aber lediglich den Taxonomen und Systematikern Kopfzerbrechen bereiten. Der normale Betrachter nimmt einfach zur Kenntnis, dass uns die Schwierigkeit der Artenbestimmung in vielen Fällen lediglich einen faszinierenden Beweis dafür liefert, dass die Evolution nicht von sprunghaften Veränderungen geprägt ist, die binnen kurzer Zeit zur Entstehung neuer Arten führen. Vielmehr sind wir Zeugen des langsamen Entstehens und Verschwindens von Arten, wobei es immer fließende Übergänge gibt. Das derzeitige Artenspektrum ist lediglich eine Momentaufnahme eines kontinuierlichen Prozesses der Anpassung der Organismen an ihre Umwelt. Unter diesem Gesichtspunkt erscheint sicherlich so manchem die Frage, ob es sich bei einem bestimmten Individuum um die Art X oder doch um die Art Y handelt, völlig unwichtig. Wie Goethe einst meinte: Name ist Schall und Rauch.

*Artenvielfalt vor Ibiza: Ein Überhang, bewachsen mit orangen Schwämmen und Falschen Korallen (Trugkorallen, Myriapora truncata). Trugkorallen sind koloniebildende Moostierchen (Bryozoa). Die kleinen blauen Fische sind Jungtiere des Mönchsfisches Chromis chromis, die mit zunehmendem Alter schwarz werden. Das Neptungras bildet im Mittelmeer große Seegraswiesen. Außerdem sind Braunalgen der Gattung Cystoseira sowie Padina pavonica, Grünalgen der Gattung Cladophora, Röhrenwürmer und ein Seestern zu entdecken.*

# Knorpelfische

Knorpelfische haben im Vergleich zu den Knochenfischen kein knöchernes, sondern ein knorpeliges Skelett. Im Laufe der Evolution wurden fast alle Knochen zurückgebildet. Die einzigen knöchernen Substanzen sind die Zähne und die Hautzähne, die bei Haien den gesamten Körper mit einer Schicht winzig kleiner spitzer Zähne schützen. Wegen des geringen Knochenanteils sind Knorpelfische im Vergleich zu Knochenfischen in fossilen Funden nur relativ selten vertreten. Das erschwert eine genaue zeitliche Bestimmung ihres erstmaligen Auftretens. Es gilt als weitgehend gesichert, dass sie sich ungefähr zeitgleich mit den Knochenfischen aus gemeinsamen Vorfahren vor etwa 400 Millionen Jahren entwickelt haben.

Da Knorpelfische keine Schwimmblase besitzen, können sie sich nicht wie die meisten Knochenfische neutral austarieren. Bei Bewegungslosigkeit sinken sie daher ab. Aus diesem Grund sind viele Haie ständig in Bewegung, um mit ihren Flossen Auftrieb zu erzeugen. Früher dachte man fälschlicherweise, dass Haie ständig schwimmen müssten, um die Sauerstoffversorgung sicherzustellen, weil sie nicht aktiv atmen könnten. Einige Haiarten findet man aber oftmals unbewegt auf dem Sandgrund oder in Höhlen vor, wie auf den Fotos auf Seite 76 ersichtlich ist.

Die Klasse der Knorpelfische wird in zwei Unterklassen eingeteilt. Die erste wird als Plattenkiemer *(Elasmobranchii)* bezeichnet und umfasst die Haie und Rochen, die zweite sind die dem Taucher weniger bekannten Chimären *(Holocephali)*, zu denen die Seekatzen zählen. In diesem Kapitel konzentrieren wir uns auf Haie und Rochen.

Zusätzlich zum Seitenlinienorgan, das bei allen Fischen zu finden ist und der Wahrnehmung von Druckschwankungen und Wasserströmungen dient, besitzen Haie und Rochen ein spezielles Organ, um sowohl elektrische als auch magnetische Felder zu detektieren. Es dient zur Orientierung und zum Aufspüren von Beutetieren.[108, 109] Die Elektrorezeption erfolgt mit Strukturen im Bereich des Kopfes, den sogenannten Lorenzinischen Ampullen. Mit diesem Organ können auf kurze Distanzen elektrische Spannungen im Bereich von einigen Mikrovolt ( Mikrovolt =

*Linke Seite: Mantarochen (Riffmanta Mobula alfredi, der nur schwer vom Ozeanischen Manta, Mobula birostris, zu unterscheiden ist, siehe auch Text Seite 69). Die dunkle Zeichnung auf der Körperunterseite ist für jedes Individuum einzigartig und wird von Forschern verwendet, um Populationsgrößen und Wanderungen von Mantarochen zu bestimmen. Indischer Ozean (Malediven, Ari Atoll).*

1/1 000 000 Volt) wahrgenommen werden, die von den Muskeln der Beutetiere erzeugt werden. So ist es zum Beispiel benthisch lebenden Rochen möglich, im Sand vergrabene Beute wie Schnecken, Muscheln und Krebstiere aufzuspüren.

## Rochen

**Teufelsrochen**
Faszinierende Lebewesen und für den Menschen völlig harmlos

Bei den Rochen sind die Brustflossen mehr oder weniger stark vergrößert und ermöglichen den im Freiwasser lebenden Tieren eine Fortbewegung, die der von Vögeln ähnelt. Zu diesen Arten zählen unter anderen die dem Taucher wohlbekannten Adlerrochen sowie die größten Vertreter der Rochen, die Manta- oder Teufelsrochen *(Mobula spp.)*. Sie erreichen eine Spannweite von bis zu sieben Metern. Den Namen Teufelsrochen verdanken die Tiere ihren beiden großen Kopflappen, die den Namensgeber offenbar an die Hörner des Teufels erinnert haben. Trotz ihrer stattlichen Größe handelt es sich aber um für den Menschen völlig harmlose Geschöpfe, denn sie ernähren sich von Plankton und kleinen Fischen, und im Unterschied zu den im Kapitel *Achtung: Giftig!* ab Seite 199 vorgestellten Stachelrochen weisen Teufelsrochen keinen Giftstachel auf. Man findet sie häufig zu ganz bestimmten Jahreszeiten in trübem, planktonreichem Wasser.

In vielen Urlaubsregionen der Tropen werden für Taucher und Schnorchler regelmäßige Ausfahrten zu diesen Riffen organisiert. Die hohe Besucherfrequenz hat jedoch vielerorts dazu geführt, dass sich die Tiere gestört fühlten und abgewandert sind. Durch das rücksichtslose Verhalten vieler Taucher, die sich zu Beobachtungszwecken an den Korallen festhalten, kommt es außerdem zur massiven Zerstörung der Riffe dieser Regionen. Mantas suchen diese Riffe aber nicht nur wegen des Reichtums an Plankton auf, sondern auch, um sich an den dortigen Putzerstationen von Parasiten befreien zu lassen. Die Zerstörung solcher Riffe und das damit verbundene Abwandern vieler Korallenfische und Putzerstationen hat zum Verschwinden der Teufelsrochen beigetragen.

Der Nachwuchs der Mantas wächst im Leib der Mutter in Eiern heran, um dann als vollständig entwickeltes Jungtier zur Welt zu kommen – ein ganz wesentlicher Unterschied zur Entwicklung lebendgebärender Säugetiere. Man spricht in diesem Fall von Ovoviviparie (ei-lebendgebärende Fortpflanzung) im Vergleich zur Viviparie (lebendgebärende Fortpflanzung) der meisten Säugetiere. Im japanischen Okinawa Churaumi Aquarium wurde im Jahr 2010 erstmals die Geburt eines Mantarochens beobachtet. Das Jungtier wog 66 kg und hatte bereits die stattliche Spannweite von 1,8 m. Diese Geburtsgröße wird dadurch ermöglicht, dass die Brustflossen vor der Geburt nach oben über die Körperoberfläche gefaltet sind.[110]

Mantarochen können sehr alt werden – bis über 35 Jahre – und haben eine sehr langsame Reproduktionsrate. Die Weibchen bringen in der Regel nur alle zwei Jahre ein Junges zur Welt.[111] Sie sind deshalb sehr anfällig für Überfischung, die in vielen Ländern auch auf diese Tiergruppe übergegriffen hat. Getrocknete Kiemen dieser harmlosen Riesen finden ihre zweifelhafte Anwendung in der asiatischen Volksmedizin. Flossen, die den Tieren bei lebendigem Leib abgetrennt werden *(Finning)*, werden für viel Geld als Potenzmittel vermarktet. Nach dem Abtrennen der Flossen werden die Tiere wieder ins Wasser geworfen, wo sie grausam zugrunde gehen. Mittlerweile werden einige Vertreter der Gattung *Mobula* auf der Roten Liste gefährdeter Arten der IUCN als gefährdet eingestuft.[114, 115] Dabei ist bekannt, dass mit *Shark Watching* und *Ray Watching*, also Beobachtungsfahrten zu Hai- und Rochenrevieren für Touristen, ein größerer wirtschaftlicher Nutzen entsteht als mit dem Fang dieser Tiere.[112, 113]

Erst 2009 erkannten Systematiker, dass es sich bei der bis dahin als eine einzige Art der Gattung *Mobula* beschriebene, nämlich *Mobula birostris*, tatsächlich um zwei Arten handelt: Den riffnahe vorkommenden Riffmanta, *Mobula alfredi*, sowie den auch im offenen Ozean vorkommenden und etwas größer werdenden Ozeanischen Manta, *Mobula birostris*.[116] Bei den von Tauchern auf den Malediven beobachteten Mantarochen handelt es sich meistens um den Riffmanta.[117] Bis heute ist noch sehr wenig über die Wanderungen der Teufelsrochen bekannt, die zu den letzten Vertretern großer mariner Wirbeltiere zählen, die noch

**Eine Schande**
Beim Finning werden den Tieren die Flossen abgeschnitten. Anschließend werden sie verstümmelt über Bord geworfen und verenden.

*Seite 70–71:*
*Blaupunktrochen (Taeniura lymma), Rotes Meer (Ägypten, Marsa Alam)*

nicht systematisch durch Anbringen von Satelliten- oder Peilsendern untersucht wurden. Erste derartige Untersuchungen wurden im Jahr 2012 durchgeführt und ergaben, dass Mantas während der Nahrungssuche binnen weniger Tage einige 100 km zurücklegen können. Um derart weit umherwandernde Arten erfolgreich zu schützen, reichen regional beschränkte Schutzgebiete keinesfalls aus.[118]

*Seite 73: Teufelsrochen (Mobula tarapacana), in Begleitung eines Schiffshalters (Remora sp.), Princess Alice Bank (Portugal, Azoren)*

Doch nicht alle Rochen leben im Freiwasser. Viele Arten, wie etwa der vielen Tauchern bekannte Blaupunktrochen oder der Zitterrochen, leben in Bodennähe. Da sie meist auf dem Sandgrund liegen und sich ihre Kiemenspalten auf der Bauchseite befinden, können diese Tiere das Atemwasser nicht durch die Kiemen einsaugen, denn sie würden sonst ständig Sand aufnehmen. So hat sich im Verlauf der Evolution eine der Kiemenspalten in ein Loch, das auf der Körperoberseite liegt, umgewandelt. Dieses Loch dient den benthisch lebenden Rochen zur Aufnahme des Atemwassers, das die Kiemen umspült und den Körper auf der Bauchseite durch die Kiemenspalten wieder verlässt. In der Großaufnahme des Kopfes des Blaupunktrochens *(Taeniura lymma)* auf den Seite 70–71 ist das seitlich hinter dem Auge liegende Spritzloch deutlich zu erkennen. Bodenlebende Rochen ernähren sich vorwiegend von im Sand lebenden Krebstieren und Muscheln, die sie über hochsensitive Elektrorezeptoren lokalisieren können.

### Tauchen an der Princess Alice Bank – »This rope is your last chance!«

Abenteuer-Tauchurlaub auf den Azoren mit meiner Schwester, Herbst 2015. Sehr überraschend für uns erfahren wir kurz nach der Ankunft, dass es gleich am nächsten Tag gegen fünf Uhr in der Früh mit einem Fischerboot zu einem der absoluten Highlights während unseres Aufenthaltes gehen soll: zur Princess Alice Bank. Dort wollen wir mit Mobulas tauchen, das sind bis zu vier Meter große Teufelsrochen. Princess Alice Bank ist ein mächtiger Unterwasserberg am Mittelatlantischen Rücken, der aus einigen Tausend Metern Tiefe bis etwa 40 Meter unter die Wasseroberfläche ragt. Die Un-

tiefe liegt ungefähr 80 Kilometer südöstlich der Insel Faial, von wo aus wir unsere Anreise beginnen.
Mit leerem Magen und noch etwas schlaftrunken beladen wir noch lange vor Sonnenaufgang das Boot und verlassen den Hafen. Wir tuckern aus dem Kanal, der zwischen der Insel Faial und der gegenüberliegenden Insel Pico liegt. Es geht in Richtung Südwesten noch weiter hinaus auf das offene Meer. An die vier Stunden wird unsere Anreise dauern. Während wir unser spärliches Frühstück zu uns nehmen, erleben wir eine unbeschreibliche Stimmung, als die Sonne ganz langsam hinter dem Vulkan Ponta do Pico, dem mit über 2300 Meter höchsten Berg Portugals, aufgeht. Es soll nicht das letzte tolle Erlebnis an diesem Tag bleiben.
Norberto, Leiter der Tauchbasis, steht heute höchstpersönlich am Steuerstand. Er ist das Abbild dessen, was man sich unter einem »alten Seebären« vorstellt: klein, kräftig gebaut, von Wind und Wetter gezeichnete Haut, Vollbart. Seine langen grauen Haare hat er mit einem Stirnband zusammengefasst. Er ist stets freundlich, aber wortkarg. Die Motoren brummen eintönig. Die Zeit will nicht vergehen. Regelmäßiger Blick auf die Uhr, ab und zu auch in unsere Fahrtrichtung – wohl wissend, dass unser Ziel mindestens 40 Meter unter dem Wasserspiegel liegt und ich es wohl nicht erkennen werde, egal wie nahe wir kommen.

Endlich, eine gefühlte Ewigkeit ist vergangen, die Motoren werden leiser. Wir haben unser Ziel erreicht. Das Echolot zeigt etwa 40 Meter Wassertiefe, die Ankerkette rasselt. Der Anker hält, nach einer kurzen Vorbesprechung zum Tauchgang beginnen wir mit den Vorbereitungen. Ein Crewmitglied wirft eine Leine ins Wasser und befestigt das Ende am Heck des Schiffes: »If you miss the boat, this rope is your last chance!« Na toll. Ich blicke über die Reling auf das Wasser. Es herrscht Strömung, aber so richtig!
Wir haben das zwar erwartet, aber es bereitet mir nun doch etwas Sorgen. Meine Foto-Ausrüstung ist im Wasser zwar weitgehend neutral tariert, bietet der Strömung aber eine große Angriffsfläche. Komme ich damit wieder zurück ans Boot? Ich überlege, einen der beiden Blitze abzumontieren. Ich frage Norberto, ob der Tauchgang mit Fotoausrüstung durchführbar ist. Auch er blickt aufs Wasser. »Yes.« Der zweite Blitz bleibt dran.
Kurz darauf springen wir am Heck des Schiffes ins Wasser und kämpfen uns mühsam nach vorne zum Bug, wo die Ankerleine in die Tiefe geht. Endlich. Ein letzter Ausrüstungs-Check, Okay-Zeichen, es geht abwärts. Die Leine spannt sich in der Strömung, wir halten uns mit einer Hand daran fest. Tolle Sicht, rundherum alles blau. 15 Meter Tiefe, 20 Meter, außer ein paar vereinzelten Fischen nichts zu sehen. Wir blicken erwartungsvoll in alle Richtungen ins tiefblaue Wasser. Nichts. Nach 40 Minuten ist der Tauchgang zu Ende, keine Mobulas.
Nach dem Mittags-Snack – wir sind gerade am Vorbereiten unserer Ausrüstung für den zweiten Abstieg – hören wir plötzlich ganz aufgeregte Rufe von Norberto. Eine Schule Mobulas ist da, sie umrunden direkt unter der Wasseroberfläche das Schiff. So schnell wie möglich machen wir uns für den Einstieg bereit. Kurzer Strömungs-Check, ›this rope is your last chance!‹ geht mir noch kurz durch den Kopf, dann springen wir ins Wasser. Wieder nach vorne an die Ankerleine, diesmal ohne Sicherheits-Check abtauchen. Jetzt muss es schnell gehen. Und da sind sie auch schon: eine ganze Schule Mobula-Rochen. Mühelos gleiten sie mit langsamen Schlägen ihrer großen Brustflossen, die wie Flügel von Vögeln aussehen, gegen die Strömung auf uns zu. Sie schwimmen an uns vorbei, drehen ab und kommen wieder. Einige werden von Schiffshaltern *(Remora sp.)* begleitet, die sich mit ihrer zum Saugorgan umgebildeten vorderen Rückenflosse an den Mobulas festhalten. Um Abstand zu den anderen Tauchern zu halten, gehen wir etwas tiefer. In knapp 30 Meter erkennen wir den Meeresboden.

Schräg unter uns liegt ein Hai. Doch der interessiert uns kaum, wir sind zu sehr von den Mobulas fasziniert. Ich schwimme kurz von der Leine weg, um bessere Fotos schießen zu können. Gegen die Strömung. Dann habe ich kurz Zeit für ein paar Schnappschüsse, aber viel Zeit bleibt nicht, um die Kamera genau auf die Lichtbedingungen einzustellen. Schon bin ich einige Meter an der Leine vorbeigetrieben und habe Mühe, sie wieder zu erreichen. ›This rope is your last chance!‹, geht mir erneut durch den Kopf. Schließlich ermahnen Luftvorrat und Tauchcomputer: Zeit zum Auftauchen. Bis zum Ausstieg werden wir von den Rochen begleitet, und auch als wir schon zurück an Bord sind, um unsere Ausrüstung zu versorgen, wird unser Schiff von den Rochen umrundet.
Alle Taucher sind nun wieder an Bord. Der Anker wird eingeholt. Die Leine ist lang, sehr lang. Bis zum endgültigen Ablegen vergehen gut 30 Minuten. Erst jetzt wird mir so richtig klar, was es bedeutet hätte, wenn wir beim Auftauchen aufgrund der Strömung das Boot verpasst hätten. Die Crew holt die Leine am Heck wieder ein. ›This rope is your last chance!‹ sagt eine innere Stimme, während ich in Richtung unserer Insel Faial blicke, die längst im Dunst verschwunden ist.

## Haie

Haie besiedeln seit etwa 400 Millionen Jahren unsere Meere, existierten also bereits lange vor den ersten Dinosauriern. Derzeit sind etwa 370 Haiarten bekannt. Die bekannteste ist vermutlich der Weiße Hai *(Carcharodon carcharias)*. Seinen schlechten Ruf als erbarmungsloser Allesfresser verdankt er diversen Kinofilmen der 1970er und 1980er Jahre, die das Verhalten dieses faszinierenden Tieres leider ganz falsch darstellen.
Man stößt immer wieder auf Quellen, die eine Maximalgröße des Weißen Hais von 11 m angeben. Das bislang größte gefangene und verlässlich bestimmte Exemplar war 6,4 m lang. Vermutet wird, dass der Weiße Hai eine maximale Größe von etwa 7 m bei einem Gewicht von über 2000 kg erreicht. Ein nahe verwandter Vorfahre des Weißen Hais ist der Megalodon *(Otodus megalodon)*. Er lebte 20 bis 3 Millionen Jahre vor unserer Zeit und erreichte vermutlich eine Größe von 13 m.[119, 120]

*Den Weißspitzen-Riffhai (Triaenodon obesus) findet man regelmäßig bewegungslos auf dem Sandgrund oder in Höhlen, Indischer Ozean (Malediven, Ari Atoll)*

Die verfälschende Darstellung des Weißen Hais als Fressmaschine ist in höchstem Maße un(bio)logisch: Kein Raubtier kann sich erlauben, ein potenzielles Opfer bedingungslos anzugreifen, ohne sich vorher zu versichern, dass von der Beute keine Gefahr ausgeht. Sonst wäre die Gefahr einer Verletzung des Angreifers viel zu hoch und die Summe solcher Verletzungen lebensbedrohlich. Ein derartiges Angriffsverhalten wäre also ein großer evolutiver Nachteil. Das ist wohl auch der Grund dafür, dass es solche Raubtiere nicht gibt.

Wahr ist vielmehr, dass sich jeder Hai, bevor er dem Menschen gefährlich wird, mehr oder weniger auffällig verhält, indem er hohes Interesse zeigt, ihn umkreist oder anstößt. Meist bleibt dem Taucher mehr als genügend Zeit, diese Anzeichen zu be-

achten und das Wasser zu verlassen. Die meisten Taucher suchen ganz bewusst die Begegnung mit Haien und die jährlich vielen Millionen Begegnungen zwischen Tauchern und Haien stehen in keinem Verhältnis zu den wenigen dokumentierten Unfällen, die oftmals vom Menschen provoziert wurden. In den Gewässern Südafrikas, wo Jahr für Jahr sehr viele Touristen schwimmen, tauchen und surfen, kam es in 60 Jahren lediglich zu etwa 30 tödlichen Haiangriffen. Es ist anzunehmen, dass zumindest einige davon durch den Menschen provoziert wurden. Ein anderes Problem im Zusammenhang mit Haiangriffen auf den Menschen ist kommerzieller Natur, denn ein einziger Medienbericht bezüglich einer Hai-Attacke genügt oft, um ganze Strände und Hotelanlagen für lange Zeit leer zu fegen.
Vor einigen Jahren kam es in Südafrika zu einem nicht tödlichen Zwischenfall, vermutlich mit einem Bullenhai *(Carcharhinus leucas)*. Anschließend ging von den untersuchenden Wissenschaftlern die Meldung an die Presse, dass es sich vermutlich um einen Barrakuda handelte. Die resultierende Zeitungsmeldung stieß kaum auf Interesse und hatte keinen Einfluss auf die Anzahl der Badenden.[121, 122] Das Verhältnis des Menschen zum Hai ist also offenbar von völlig irrationalen Ängsten geprägt.
Das scheinbar wahllose Zubeißen, insbesondere in Metallteile von Schiffen und in Haikäfige, das häufig bei Haifütterungen beobachtet wird, hat einen ganz einfachen Grund: Haie haben Elektrosensoren zum Aufspüren ihrer Beute, die Lorenzinischen Ampullen. Mit diesen sind sie in der Lage, extrem niedrige Feldstärken zu detektieren, die von den Muskeln ihrer Beute ausgehen. Da aber auch veredelte Metalle in Salzwasser ein sogenanntes galvanisches Element, also eine Art Batterie bilden und Strom bzw. Spannung erzeugen, sprechen die Sensoren der Haie darauf an. Hinzu kommt noch, dass Haie unbekannte Objekte oft durch einen leichten Biss auf Genießbarkeit untersuchen. Dass Haie im Augenblick des Zubeißens keinen direkten Sichtkontakt auf ihre Beute haben, weil eine Hautfalte (Nickhaut) zum Schutz über das Auge geschoben wird, spielt, wenn überhaupt, nur eine untergeordnete Rolle. Weiße Haie haben keine Nickhaut, sondern drehen die Augen unmittelbar vor dem Zubeißen nach hinten.

**Angriffsstrategie**
Zubeißen und dann abwarten – Haie sind vorsichtige Jäger

Das oben erwähnte und oft beschriebene einmalige Zubeißen mit anschließender scheinbarer Flucht des Haies wurde sicherlich schon wiederholt fälschlicherweise als Testbiss interpretiert. Wie bereits erwähnt, tut jeder Hai gut daran, sich bei Angriffen nicht zu verletzen. Viele Haiforscher sehen in dem scheinbaren Testbiss vielmehr eine Angriffsstrategie. Der einmalige Biss soll das Opfer so stark verletzen, dass der Hai sich zurückziehen und darauf warten kann, bis das Opfer durch Blutverlust geschwächt oder verstorben ist. So wird das Risiko durch unnötigen Kampf minimiert. Das dürfte auch der Grund für die Verletzungen bei zahlreichen Seelöwen und Seehunden sein, die offensichtlich durch Haie verursacht wurden. Die Verletzung war in diesen Fällen nicht schwer genug, und das Opfer konnte sich in Sicherheit bringen.[123, 124]
Obwohl Haiangriffe auf den Menschen aufgrund ihrer Seltenheit kein allgemeines Problem darstellen, gab es insbesondere zur Zeit des Zweiten Weltkrieges intensive Bemühungen, Möglichkeiten zur Haiabwehr zu erforschen, um unter anderem Soldaten für den Fall eines Schiffbruchs entsprechend auszurüsten. Von bunten Farblösungen, die ins Wasser geschüttet werden sollten, um die Haie abzuschrecken, über diverse Chemikalien und gefärbte Kleidung wurde vieles getestet. Nachweislich wirksam war aber keine dieser Maßnahmen. Der von der US Navy entwickelte *Shark Chaser,* ein Beutel mit einer Mischung aus Farbstoff un Kupferazetat, wurde im Zweiten Weltkrieg als Teil der Notfallausrüstung an Schwimmwesten angebracht. Azetat, das Salz der Essigsäure, entsteht auch beim Verwesen von Haifleisch. Man dachte, damit Haie abschrecken zu können. Die Mischung zeigte aber, wie sich später herausstellte, keinerlei Wirkung auf Haie. Für Taucher gab es schwarz-weiß gestreifte Neoprenanzüge, da man fälschlicherweise annahm, dass Haie den Taucher dann ebenso ignorieren würden wie den genauso gestreiften Pilotfisch, der oft als Begleiter von Haien zu beobachten ist.
Die Natur selbst ist wie so oft auch bei der Haiabwehr am effizientesten: Einige Organismen sondern aus speziellen Drüsen chemische Stoffe ab, die dem Fraßschutz dienen und auch bei einigen Haiarten wirksam sind. So etwa die Moses-Scholle *(Pardachirus marmoratus)* aus dem Roten Meer sowie ihre Ver-

wandte aus dem Pazifik, die Augenfleck-Scholle *(Pardachirus pavoninus)*. Beide Arten produzieren ein schützendes Gift, das Pardaxin bzw. das Pavonin, wodurch sie von Haien gemieden werden.[125,126,127]

Neuere Forschungsaktivitäten haben zur Entdeckung eines sehr effizienten Wirkstoffes geführt. Es handelt sich um Dodecylsulfat, das vermutlich irritierend auf die Schleimhäute im Kiemen- und Rachenbereich der Haie wirkt und viermal wirksamer ist als das Pardaxin der Moses-Scholle.[128]

In Regionen, in denen der Weiße Hai noch regelmäßig und sogar sehr häufig vorkommt, so etwa in Südafrika an den Küsten bei Kapstadt, hat sich ein eigener Markt entwickelt: Käfigtauchen *(Cage Diving)* mit dem Weißen Hai. Abenteuerlustige Schnorchler und Taucher steigen in einen schützenden Käfig aus Metall, der neben oder hinter dem Tauchschiff direkt unter der Wasseroberfläche angebracht ist, um im Schutz der Gitterstäbe Weiße Haie in ihrem natürlichen Lebensraum zu beobachten. Solange dies professionell organisiert ist und die Haie nicht angefüttert werden, nehmen dabei weder Hai noch Mensch Schaden.

Sobald Haie aber angefüttert werden, wie dies in den vergangenen Jahren vielerorts, besonders in Ägypten, der Fall war, kann es sehr schnell gefährlich werden. Wenn zur gleichen Zeit Schnorchler und/oder Taucher im Wasser sind, verbinden die Haie das angebotene Futter mit der Anwesenheit von Tauchern – und umgekehrt. Man nennt dies Konditionierung. Dass Haie relativ schnell zu konditionieren sind, weiß man von Urlaubsorten, an denen zu bestimmten Uhrzeiten die Essensreste aus der Küche ins Meer geworfen werden. Pünktlich zur Fütterungszeit finden sich die Haie ein, um sich am reichhaltigen Menü

*Das Ei eines Katzenhais an einem Schwamm mit Krustenanemonen, Mittelmeer (Kroatien, Insel Pag)*

zu bedienen. Oft herrscht zu dieser Zeit ein Tauchverbot im entsprechenden Bereich, weil die Haie und Rochen dann sehr zudringlich werden.

**Konditionierung**
Haie bestimmen die Essenszeiten

In einem Experiment zur Lernfähigkeit von Zitronenhaien *(Negaprion brevirostris)* in Gefangenschaft machte man sich die Konditionierbarkeit der Haie zunutze. Zu Beginn des Versuchs wurde während der Fütterung und bei der Nahrungsaufnahme eine Glocke ausgelöst. Mit der Zeit brachten die Haie das Läuten der Glocke mit dem Futter in Verbindung. Schließlich betätigten sie, wenn sie Hunger hatten, selbständig den Auslöser der Glocke und wurden daraufhin mit Futter belohnt. Das Erlernte wurde von den Haien auch zehn Wochen nach Entfernung der Vorrichtung aus dem Becken nicht vergessen.[129]

Wenn Haie durch regelmäßige Fütterungen durch den Menschen erst einmal konditioniert sind, verlieren sie jegliche Scheu vor dem Menschen, werden zudringlich und aggressiv.[130] In den vergangenen Jahren kam es in Ägypten immer wieder zu unangenehmen Zwischenfällen mit sehr aggressiven Haien. Das bis dahin regelmäßig durchgeführte Anfüttern der Haie, um sie für Touristen noch näher ans Boot zu locken, wurde erst 2009 – nach dem tödlichen Angriff durch einen Weißspitzen-Hochseehai *(Carcharhinus longimanus)* auf eine Schnorchlerin – gesetzlich unterbunden.

Das Jagdverhalten des Weißen Hais ist in einzigartiger Weise auf das Erbeuten von Seelöwen und Seehunden ausgerichtet. Eine Studie über die Weißen Haie vor Kalifornien hat ergeben, dass Haie systematisch vor dem Ufer genau in jenen Bereichen kreuzen, in denen Seelöwen zu erwarten sind. Anders als viele populärwissenschaftliche Berichte behaupten, konnte dabei kein territoriales Verhalten nachgewiesen werden. Es wird dagegen vermutet, dass Weiße Haie ständig ihre Umgebung belauschen. Sobald ein Artgenosse Beute macht, nähern sich die in der direkten Umgebung jagenden Haie, um etwas von der Beute abzubekommen. Dies erklärt, weshalb immer sehr kurz nachdem einer der beobachteten Haie Beute gemacht hatte, weitere Artgenossen zur Stelle waren.[131]

Bis vor wenigen Jahren zählte man den Weißen Hai zu den küstennah lebenden Haien. Dank moderner Forschungsmethoden

## Haifütterungen – Spektakel für Touristen

Indischer Ozean, Ari Atoll, Malediven, 2004. Gemütlich schlendern wir nach dem Abendessen über den Strand der fast direkt am Außenriff gelegenen Insel, als wir plötzlich auf einem der Anlegestege eine Gruppe aufgeregter Touristen entdecken, die meisten mit Video- und Fotokameras ausgerüstet. Die Sonne ist schon seit geraumer Zeit untergegangen, der Steg ist hell mit Scheinwerfern und Laternen beleuchtet. Wir sind Neuankömmlinge und kennen den Brauch der Insel noch nicht. Noch nicht einmal am Steg angekommen, erkennen wir schon, was los ist. Das Küchenpersonal verfüttert Essensreste und Küchenabfälle an die Fische und Schildkröten. Unmengen von Fisch- und Fleischresten werden direkt ins Korallenriff gekippt. Das gerade einmal knie- bis hüfttiefe Wasser brodelt: Muränen, Haie, große Rochen, Schildkröten und Unmengen bunter Riff-Fische schwimmen kreuz und quer, um möglichst viel vom abendlichen Buffet zu ergattern. Selten haben wir so viele Tiere auf so engem Raum gesehen, einige große Rochen streiten um das Futter, saugen sich aneinander fest, sind bereits durch Schürfwunden gezeichnet. Viele der anwesenden Touristen sind begeistert. Wir nicht. Mit gemischten Gefühlen beobachten wir das Szenario. Zum Glück geht nach einigen Minuten das Futter zur Neige.
Nach Beendigung der Fütterung kehrt nach und nach wieder Ruhe ein im Riff. Wir sind uns einig: Wir sehen uns die Tiere lieber unter Wasser an.

mit Satelliten-Sendern, die im Bereich der Rückenflossen an den Haien angebracht wurden, weiß man nun, dass Weiße Haie weite jährliche Wanderungen, teilweise durch den offenen Ozean, durchführen. Manche Tiere schwimmen zum Beispiel in knapp neun Monaten von Südafrika quer durch den Indischen Ozean bis Westaustralien und wieder zurück. Sie legen dabei eine Strecke von über 20 000 km zurück. Den Großteil der transozeanischen Wanderung verbringen sie dabei in der Nähe der Oberfläche, dringen aber sporadisch auch in Tiefen bis knapp 1000 m vor. Es ist noch weitgehend unklar, wie sich die Tiere auf ihren Wanderungen orientieren, vermutlich aber unter anderem anhand des Erdmagnetfeldes. Diese Wanderungen

## Auge in Auge mit einem Blauhai

Es ist Spätsommer 2015, meine Schwester und ich machen uns im Zuge unseres Azoren-Urlaubs gemeinsam mit einigen anderen Tauchern in einem kleinen Schlauchboot auf, um mit Blauhaien zu tauchen. Es soll ein sogenannter Blue Dive werden, ein Tauchgang in tiefem Wasser, der Meeresboden viele 100 Meter unter uns. Am nord-östlichen Ende des Kanals zwischen den Inseln Faial und Pico stoppt der Kapitän die Motoren und die Crew beginnt mit den Vorbereitungen: Am Bug und am Heck des Bootes werden 15 Meter lange Leinen mit Treibankern ins Wasser gehängt, um den Tauchern eine Orientierungshilfe im tiefen, glasklaren Wasser zu bieten. In einen großen, seitlich aufgeschnittenen Kanister wird ein Fischkopf gesteckt und etwa 15 Meter vom Boot entfernt ins Wasser geworfen. Aus einem Behälter mit Chum, einem Brei aus Fischresten und Fischblut, den die Crew bereits vorbereitet hatte, wird regelmäßig eine Portion ins Wasser geschüttet, um die Blauhaie anzulocken. Dann folgt eine kurze Vorbesprechung zum anstehenden Tauchgang. Die Regeln: Aufrechte Haltung beibehalten. Wenn ein Hai zu nahekommt, mit den Händen Wasser in Richtung seiner Kiemen drücken. Nicht berühren. Fernhalten vom Kanister mit dem Fischkopf. Nicht an der Oberfläche herumzappeln.
Das Warten in der heißen Herbstsonne beginnt. 20 Minuten sind bereits vergangen. Kein Hai in Sicht. Nichts zu sehen außer ein paar frechen Sturmtauchern, die sich ins Wasser stürzen, um sich an den Fischresten zu bedienen. Das Boot schaukelt, einige Gesichter sind schon blass. Ein Blick auf die Uhr. Knapp über eine halbe Stunde ist jetzt vergangen. Noch immer nichts. Plötzlich springt unser Freund Chris, ein stets gutgelaunter Texaner, auf. »Shark, shark!« Die Crew bestätigt – der erste Blauhai ist da. Wir nehmen so schnell wie möglich unsere Ausrüstung auf, lassen uns rückwärts ins Wasser fallen und tauchen wie empfohlen so schnell wie möglich ab, um uns an der Ankerleine des Hecks in 10 Meter Wassertiefe zu positionieren. Unter uns nichts als tiefblaues Wasser. Und da kommt er schon auf uns zu. Wir erkennen an den Klaspern: Es ist ein Männchen, gute 2,5 Meter lang. Neugierig schwimmt er mit einigen wenigen Metern Abstand an uns vorbei. Mit Leichtigkeit gleitet er fast bewegungslos durch die starke Strömung, dreht ab und schwimmt zum Kanister mit dem Fischkopf.

*Blauhai (Prionace glauca) kurz nachdem er einen großen Fischköder schluckte. Die Nickhaut ist noch teilweise zu sehen, Atlantischer Ozean (Portugal, Azoren)*

Er umrundet den Kanister mehrmals, stößt ihn dazwischen immer wieder an, um ihn dann endgültig ins Maul zu nehmen und zu schütteln. Der fast fußballgroße Fischkopf fällt heraus, und während der Hai wieder in unsere Richtung schwimmt, schluckt er diesen mühelos. Ich schieße einige Fotos, auf denen später die Nickhaut zu sehen ist, die über die Augen geschoben wird, um diese beim Fressen zu schützen. Der Hai schwimmt ständig zwischen den beiden Ankerleinen hin und her. Er wird neugieriger, kommt immer näher. Der anderen Gruppe kommt er jetzt ganz nahe, einer der Taucher drückt Wasser in seine Richtung. Er dreht ab. Nun kommt er wieder zu uns. Ganz langsam, wie in Zeitlupe, nähert er sich. Ich nehme die Kamera hoch und warte, bis er trotz Fisheye-Objektiv bildfüllend im Sucher erscheint. Er blickt direkt in die Frontscheibe meines Kameragehäuses. Ich drücke im richtigen Moment ab, dann streift der Hai mit seiner langen Brustflosse zuerst meine Schulter, dann die Kamera. In einem großen Bogen taucht er etwas tiefer, knabbert kurz am metallenen Anker und schwimmt wieder zu seinem Kanister. Erst jetzt bemerken wir, dass es rund um uns kleine Fische regnet, die die Crew ins Wasser wirft, um den Hai bei Laune zu halten. Ganz behutsam, ohne auch nur eine einzige hektische Bewegung zu machen, sammelt er die Fische ein. Allerdings erwischt er nicht alle, denn da sind auch noch die frechen Sturmtaucher, die bis in knapp 10 Meter Tiefe abtauchen, um sich zu bedienen. Hoppla, Luftvorrat kontrollieren! Knapp mehr als die Hälfte ist weg, alles gut. Das Spiel wiederholt sich. Noch einige Male zieht der Hai seine Runden zwischen dem Kanister und den beiden Tauchgruppen an den Ankerleinen, schwimmt durch unsere aufsteigenden Luftblasen oder unter uns hinweg, umrundet uns in knappem Abstand, um uns mit seinen tiefschwarzen Augen zu inspizieren. Dann plötzlich – ebenso schnell, wie er gekommen ist, – verschwindet er wieder. Perfektes Timing, denn der Luftvorrat geht zur Neige. Zurück am Boot herrscht euphorische Stimmung. Ein absolut genialer Tauchgang, obwohl uns nur ein einziger Hai besuchte! Die Crew bestätigt: »Best shark dive this year!« Eine Woche später wollen wir das Erlebnis wiederholen. Nach dreistündigem Anfüttern fahren wir erfolglos und enttäuscht zurück in den Hafen. Kein einziger Hai. Haibegegnungen auf den Azoren werden von Jahr zu Jahr seltener.

*Blauhai (Prionace glauca) während eines »Blue Dive« auf den Azoren, unmittelbar bevor er meine Kamera und mich berührt*

erschweren übrigens Programme zum Schutz von Haien, da die Tiere in allen Ländern, durch die ihre Wanderroute geht, unter Schutz gestellt werden müssten.[132, 133, 134, 135]
Genetische Untersuchungen an Weißen Haien des Mittelmeeres haben gezeigt, dass sie mit der Population des Indopazifiks näher verwandt sind als mit der atlantischen Population. Wissenschaftler entwickelten daraus die Theorie, dass die Weißen Haie im Zuge eines Klimawandels vor etwa 450 000 Jahren, durch den der an der Ostküste des afrikanischen Kontinents verlaufende Agulhasstrom sehr stark ausgebildet war, um das Kap Horn getrieben wurden. Sie schwammen westwärts um die Südspitze Afrikas herum und folgten großen Fischschwärmen in Richtung Norden, um auf der Höhe der Meerenge von Gibraltar nach Osten abzubiegen und in die »Sackgasse Mittelmeer« zu gelangen. Statt im östlichen Indopazifik brachten sie hier ihre Nachkommen zur Welt. Da der Weiße Hai zum Gebären seiner Nachkommen immer in dieselben Gewässer zurückkehrt (Philopatrie), konnte sich im Mittelmeer eine eigenständige Population entwickeln.[136, 137]

Die Familie der Hammerhaie *(Sphyrnidae)* unterscheidet sich von allen anderen Arten durch ihre eigenartige Kopfform, die den Wissenschaftlern lange Zeit Rätsel aufgab. Mittlerweile weiß man, dass sie mehrere Vorteile bietet. Durch den größeren Abstand der beiden Nasenöffnungen zueinander kann der Hammerhai die Richtung, aus der ein Geruch im Wasser kommt, genauer ermitteln. Aus dem gleichen Grund ist die Elektrosensorik mit den Lorenzinischen Ampullen empfindlicher, die Haien unter anderem beim Aufspüren im Sand eingegrabener Beutetiere wie Krebse und Fische helfen. Einige Forscher glauben auch, dass die Kopfform für einen besseren Auftrieb beim Schwimmen sorgt, denn, wie schon gesagt, Haie haben keine Schwimmblase. Um nicht abzusinken, müssen sie ständig schwimmen und hydrodynamischen Auftrieb erzeugen. Schließlich wurde erst kürzlich bewiesen, dass sich durch die spezielle Positionierung der beiden Augen an den vorderen äußeren Enden des hammerförmigen Kopfes die Gesichtsfelder der beiden Augen teilweise überlappen, was stereoskopisches Sehen ermöglicht.[138]

*Weißspitzen-Riffhai (Triaenodon obesus) in einer kleinen Höhle, Indischer Ozean (Malediven, Ari Atoll)*

Außer den Lorenzinischen Ampullen zum Aufspüren der elektrischen Impulse, die von den Muskeln seiner potenziellen Beutetiere ausgehen, und dem hochempfindlichen Geruchssinn hat der Hai, wie alle Fische, ein sehr empfindliches Seitenlinienorgan, mit dem Druckwellen wahrgenommen werden können. Besonders empfindlich ist das Seitenlinienorgan für niederfrequente Druckwellen, wie sie etwa von schwimmenden oder an einer Angel zappelnden Fischen ausgehen. Die Schwingungen können unter Wasser bis zu 250 m weit wahrgenommen werden. All diese Sinne helfen dem Hai, seine Beute auch in trübem Wasser aufzuspüren.[139]

Bisherige Untersuchungen des Farbensehens bei Haien beruhten meistens auf Verhaltensbeobachtungen. Experimente mit Konditionierungen von Zitronenhaien und anderen Haiarten haben zu der Vermutung geführt, dass Haie Farben sehr wohl wahrnehmen können. Höchstwahrscheinlich haben die Haie in diesen Versuchen jedoch nur die unterschiedliche Helligkeit der dargebotenen Objekte erkannt.

Die Ergebnisse einer aktuellen, 2011 veröffentlichten Studie liefern ziemlich eindeutige Hinweise darauf, dass Haie weitgehend farbenblind sind. Die wissenschaftlichen Untersuchungen dafür erfolgten auf zellbiologischer Basis, indem die Netzhaut

von insgesamt 17 Haiarten mittels Mikrophotometrie auf deren Wellenlängenabsorption untersucht wurde. Während die meisten Rochen und Chimären – die nächsten Verwandten der Haie – nachweislich Farben sehen können, ist dies bei den Haien mit großer Wahrscheinlichkeit nicht der Fall.
Haie sehen also vermutlich nur bestimmte Farben, also bestimmte Wellenlängen. Die Farben sind ihrem typischen Habitat perfekt angepasst. Während pelagisch, also im Freiwasser lebende Arten vor allem Blautöne wahrnehmen, ist die wahrgenommene Wellenlänge bei benthisch, also am Boden lebenden Arten mehr ins Grüne verschoben. Da Haie aber sehr wohl Zäpfchen (verantwortlich für das Farbensehen) und Stäbchen (verantwortlich für das Hell-Dunkel-Sehen) auf ihrer Netzhaut besitzen und sich die Absorptionsmaxima dieser unterschiedlichen Sinneszellen bei manchen Arten um einige Nanometer Wellenlänge unterscheiden, ist ein rudimentär vorhandenes Farbensehen nicht auszuschließen.[140]

Der Hai ist ein sogenannter Superräuber. Das sind Tiere, die am Ende der Nahrungskette stehen. Superräuber übernehmen die ganz wesentliche Kontrolle der Reduktion kranker und schwacher Tiere, wodurch das Ausbrechen von Krankheiten verhindert werden kann und eine Selektion im Sinne von Darwins »*Survival of the Fittest*« erfolgt.[141] Danach können sich im intakten Ökosystem stets nur die am besten angepassten und gesündesten Tiere fortpflanzen. Das Ökosystem ist also stabil. Fehlt der Hai oder ist sein Bestand stark reduziert, so fehlt auch die natürliche Selektion unter seinen Beutetieren und das Ökosystem wird instabil. Massenvermehrung, Krankheiten und Massensterben können auftreten. Der Mensch als gewinnorientiert selektierender Räuber übernimmt diese Rolle nicht und richtet zudem dank moderner, »effizienter« Fangmethoden erheblichen Schaden an. Wenn zum Beispiel hauptsächlich die Bestände der sehr großen Haie reduziert werden, kann es zum starken Anstieg der Populationen ihrer Beutetiere wie kleiner Haie und Rochen kommen. Die wiederum ernähren sich von kleineren Fischen und Schnecken, so dass auch hier der Eingriff des Menschen einen äußerst negativen Einfluss auf das gesamte Nahrungsnetz hat.[142]

**Kontrollinstanz**
Ohne Haie und andere große Räuber gerät das Ökosystem »Meer« ins Wanken

Ein gesundes Korallenriff zeichnet sich übrigens nicht durch seinen enormen zahlenmäßigen Fischreichtum aus. Im Gegenteil: In unberührten Riffen des Pazifiks herrschen mit einem Anteil von 85 % der Fisch-Biomasse die Superpredatoren und das Riff wirkt auf den ersten Blick leer. Sehr viele der hier anwesenden Fische leben versteckt in den Spalten und kleinen Höhlen zwischen den Korallen und der Kampf um diesen sicheren Lebensraum ist hart. Der Leser wird sich nun fragen, wie eine so verhältnismäßig große Anzahl von Räubern von einer vergleichsweise geringen Anzahl potenzieller Beutetiere leben kann. Die Antwort ist einfach: Kleine Friedfische weisen eine ungeheure Reproduktionsrate auf und wachsen schnell. Fische können außerdem im Vergleich zu Säugetieren sehr gut überleben, wenn über längere Zeit nur wenig Nahrung verfügbar ist. Die Tiere wachsen dann einfach langsamer oder stellen das Wachstum vorübergehend vollständig ein.[143] Leider ist der Mensch gerade drauf und dran, viele Haiarten auszurotten. In vielen Ländern gelten Schillerlocken – die geräucherten Bauchlappen des Dornhais – und, insbesondere auf dem asiatischen Kontinent, Haifischflossensuppe als Delikatesse und Potenzmittel. Den Tieren werden, wie bei den Mantas, von Haifängern bei lebendigem Leib die Flossen abgeschnitten *(Finning)*. Oft wird der restliche Körper wieder über Bord geworfen und die Tiere verenden qualvoll.[144] Vor allem beim Langleinenfischen auf dem offenen Ozean sind Haie ein häufiger Beifang. Jedes Jahr werden verschiedenen Quellen zufolge bis zu 100 Millionen Rochen und Haie getötet und in manchen Regionen wurden die Haibestände in nur wenigen Jahren um bis zu 90 % reduziert.
Unabhängig vom Gedanken an die Arterhaltung muss vom Genuss von Nahrungsmitteln, die von Haien stammen, dringend abgeraten werden! Haie stehen, wie schon erwähnt, am Ende der Nahrungskette. Sämtliche durch die Umweltverschmutzung in die Meere gelangten Gifte, die von Organismen aufgenommen werden, sammeln sich mit steigender Trophie-Ebene an, um schließlich in den Konsumenten höherer Ordnung in der höchsten Konzentration vorzuliegen. Die Anreicherung von Giften im Nahrungsnetz wird auch als Biomagnifikation bezeichnet. Das gilt vor allem für das Quecksilber.

Dieses giftige Schwermetall wird, nachdem es überwiegend über die Atmosphäre in die Meere eingetragen wurde, vor allem in den Sedimenten großer Meerestiefen eingelagert. Dort wandelt es sich durch mikrobielle Tätigkeit in das hochgiftige Methylquecksilber um (Biotransformation) und gelangt unter anderem über Mikroorganismen, Algen und Kleinkrebse in die Nahrungskette. Das Methylquecksilber liegt in Haien schließlich in Konzentrationen vor, die häufig um ein Vielfaches über dem maximal empfohlenen Wert für Nahrungsmittel liegen. Am höchsten sind die Konzentrationen in den Muskeln, den Nieren und der Leber. Fisch fressende Haiarten weisen signifikant höhere Methylquecksilberwerte auf als Arten, die sich vor allem von Wirbellosen ernähren. Größere und damit ältere Vertreter einer Art weisen naturgemäß höhere Konzentrationen auf als jüngere, kleinere. Biomagnifikation von Quecksilber wurde in praktisch allen Meeren nachgewiesen, auch im Europäischen Mittelmeer. Auch die lange Lebensdauer der Haie trägt neben ihrer Position am Ende der Nahrungskette zur starken Anreicherung des Giftes bei, denn die Ausscheidung bzw. der Abbau des Methylquecksilbers erfolgt langsamer als die Aufnahme über die Nahrung. Eine

*Walhai (Rhincodon typus), Indischer Ozean (Malediven, Ari Atoll)*

## Walhai-Tour im südlichen Ari-Atoll, Malediven

Wir fahren mit dem Dhoni an der Südspitze des Ari-Atolls entlang und halten nach Walhaien Ausschau. Endlich, nach etwa eineinhalb Stunden erfolgloser Suche: ein Schatten knapp unter der Wasseroberfläche, nicht allzu weit von unserem Boot entfernt. Die Spannung steigt. Während wir die Schnorchelausrüstung anlegen, dreht der Kapitän bei und steuert langsam auf die Stelle zu, an der er den Hai zuletzt gesehen hat. Doch leider ist er schon in tieferes Wasser abgetaucht.

Kurz darauf: Erneut ein großer Schatten unter der Oberfläche, eine weiße Flosse erscheint kurz, Wasser spritzt. Jetzt muss es was werden! Wieder steuern wir auf die Stelle zu, wir springen ins Wasser. Nur schemenhaft können wir im leicht trüben, planktonreichen Wasser ein Tier vor uns erkennen, das sich auf uns zu bewegt. Es wird deutlicher. Da! Ein Manta! Langsam dreht er ab, taucht etwas tiefer, nimmt mit einigen wenigen Flossenschlägen Anlauf und dreht zwei Loopings. Dann verschwindet er ebenso schnell, wie er erschienen ist.

Zurück an Bord. Wir halten weiter Ausschau nach Walhaien, kreuzen mit dem Dhoni auf und ab. Nichts. Etwas enttäuscht beschließen wir, uns für den letzten Gerätetauchgang fertig zu machen – ohne Walhaie. Wir haben die Ausrüstung bereits angelegt, unser Diveguide Tommy springt zum Strömungs-Check ins Wasser. Kurz darauf aufgeregte Rufe: »Walhai! Walhai!« Ungläubig stehen wir auf. Tatsächlich. Direkt neben dem Dhoni taucht er auf – ein etwa 3,5 bis 4 m langer Walhai. Springt!!«, ruft uns Tommy zu, »springt doch!« »Ich kann nicht!«, ruft meine Schwester Sabine, die ganz vorne beim Einstieg steht. Der Hai schwimmt direkt unter uns, durchbricht mit seinem knapp 1 m breiten Körper sogar die Wasseroberfläche. Er berührt mit dem Kopf das Dhoni, dann schwimmt er langsam vorbei. Unmittelbar danach springen wir. Wir wissen, dass wir schnell sein müssen. Es herrscht Strömung, und nur sehr mühsam können wir den Walhai einholen. Wir schwimmen jetzt seitlich von ihm. Völlig mühelos beschleunigt er. Wir sehen das Tier nur mehr von hinten, da dreht er plötzlich neugierig um. Ganz knapp schwimmt er an uns vorbei, zurück zum Dhoni. Als wollte er nachsehen, ob noch jemand nachkommt. Erneut dreht er ab und schwimmt an uns vorbei. Wir können noch kurz mithalten, doch dann wird es zu anstrengend und wir lassen ihn ziehen.

Quecksilbervergiftung mit vielen Betroffenen und verheerenden Folgen trat erstmals in den 1950er Jahren in Minamata (Japan) auf. Deshalb wird sie auch als Minamata-Krankheit bezeichnet. Methylquecksilber wirkt als starkes Nervengift und führt zu schweren Hirnschädigungen, psychischen Erkrankungen, Erblindung und motorischen Störungen. Eine schwere chronische Vergiftung endet häufig mit dem Tod.[145, 146, 147, 148]
Viele große Tierarten, die erst relativ spät geschlechtsreif werden und nur wenige Nachkommen hervorbringen, sind von massiven Eingriffen durch den Menschen besonders stark betroffen und dadurch vom Aussterben bedroht. Haie zählen zu diesen Tierarten. Im Gegensatz zu vielen Knochenfischen sind sie nicht in der Lage, die derzeitigen Fangzahlen auch nur annähernd durch entsprechenden Nachwuchs zu kompensieren. In nur wenigen Jahren kann durch Überfischung eine Population auf einen sehr kleinen Restbestand reduziert werden, während die Erholung der Population viele Jahrzehnte dauert.[149, 150]
Viele Haiarten werden bereits auf der Roten Liste der gefährdeten Arten als gefährdet eingestuft. Es ist daher an der Zeit, vorausschauend zu denken und die Haie zu schützen, bevor es zu spät ist und sie in einer anderen Liste aufscheinen: in der Liste der ausgestorbenen Arten.

Der weltweit größte Fisch ist der Walhai. Als Vertreter der Ammenhaie ist er mit den benthisch lebenden Vertretern wie etwa dem Leopardenhai *(Stegostoma tigrinum)* und dem Wobbegong oder Teppichhai *(Orectolobus maculatus)* verwandt. Bis vor einigen Jahren betrug die nachgewiesene maximale Größe 13,7 m und die mögliche Maximalgröße wurde auf etwa 18 m geschätzt.[151, 152, 153] Mittlerweile wird für das größte je gesichtete Tier eine Gesamtlänge von 20 m angegeben.[154] Die Verbreitung des Walhais erstreckt sich von den Tropen über die Subtropen bis zu den warm temperierten Meeren. Im Europäischen Mittelmeer findet man den Walhai nicht. Sein Vorkommen in bestimmten Gebieten unterliegt sehr starken saisonalen Schwankungen. Untersuchungen haben gezeigt, dass Walhaie einen Aktionsradius von mehreren tausend Kilometern haben. Die Wanderungen der Tiere sind auf die großen Planktonblüten präzise abgestimmt.

*Seite 92–93:*
*Walhai (Rhincodon typus), Indischer Ozean (Malediven, Ari Atoll)*

Die Planktonblüten wiederum sind von saisonalen Strömungen abhängig, die kaltes und nährstoffreiches Wasser aus der Tiefe an die Oberfläche bringen (*Upwelling*, siehe auch Kasten Seite 30).[155, 156]

Der Walhai ernährt sich von Plankton und schwimmt meistens mit mehr oder weniger geöffnetem Maul in plankton- und strömungsreichen Gewässern, um Kleinstlebewesen aus dem Wasser zu filtrieren. Hin und wieder kommt es vor, dass er auch Sardinen, Makrelen und kleine Thunfische als Beifang frisst. Es wurde auch schon beobachtet, dass mehrere Walhaie ganz gezielt große Fisch- und Kalmar-Schwärme in die Enge trieben und dann durch ruckartiges Öffnen des Maules zusammen mit großen Wassermengen auch die Beutetiere in ihren Rachen einsaugten. Die Tiere stehen dabei oft senkrecht mit dem Maul nach oben im Wasser.[155] Neben dem Walhai sind zwei weitere Plankton fressende Haie bekannt, der Riesenhai *(Cetorhinus maximus)* sowie der erst in den 1970er Jahren entdeckte Riesenmaulhai *(Megachasma pelagios)*.[157]

Über Reproduktion und Entwicklung des Walhais ist nur sehr wenig bekannt. Man nimmt heute an, dass Walhaie bis zu 100 Jahre alt werden. Geschlechtsreif sind sie erst im Alter von etwa 30 Jahren, wenn sie eine Körpergröße von mehr als 8–9 m erreicht haben. Aufgrund des langsamen Wachstums und der späten Geschlechtsreife sind Walhaipopulationen besonders sensibel hinsichtlich schwankender Individuenzahlen sowie Beeinträchtigung durch den Menschen.[157]

Der große Aktionsradius einzelner Tiere kann dazu führen, dass Walhaipopulationen auch in Gebieten, in denen sie unter Schutz stehen, zahlenmäßig sehr stark zurückgehen, weil sie im Zuge ihrer Wanderung in Bereiche eindringen, in denen der Fang erlaubt ist. Darum ist zu befürchten, dass trotz australischer Schutzmaßnahmen die Walhaipopulationen in Westaustralien weiter abnehmen werden, da in den umliegenden Ländern noch keine Schutzprogramme existieren.[156]

Durch Anbringen von Sendern, die eine Ortung der Tiere über Satellit ermöglichen, sollen in Zukunft mehr Erkenntnisse über die Wanderungen, saisonale Aufenthaltsorte und Reproduktion der Walhaie gewonnen werden. Die erhobenen Daten könnten

## Langersehnte Begegnung am Elphinstone Riff!

Schon lange wünschte ich mir, einmal am Elphinstone Riff im Roten Meer zu tauchen. Die etwa 600 Meter lange und 100 Meter breite Untiefe ragt bis direkt unter die Wasseroberfläche und liegt knapp 10 Kilometer vor dem ägyptischen Ufer im offenen Meer. Bei erfahrenen Tauchern ist das Riff sehr beliebt, vor allem wegen der häufig anzutreffenden Großfische wie Graue Riffhaie, Weißspitzen-Hochseehaie und Hammerhaie. Das Glück, einen Hammerhai zu sehen, hatte ich bis dahin nicht.
Von der örtlichen Tauchbasis fuhren wir in riesengroßer Erwartung zunächst in den Hafen von Marsa Alam, dann mit einem Safariboot hinaus an die Südspitze des Riffs. Von dort brachte uns ein kleines Schlauchboot bei sehr unruhigem Meer zur geplanten Einstiegstelle im Norden. Wir sollten mit der Strömung in Richtung Süden tauchen, um uns dort wieder vom Schlauchboot abholen zu lassen.
Noch in einiger Distanz vom Riff signalisiert uns der Fahrer des Bootes, es könne losgehen. Rolle rückwärts ins Wasser – los geht's! Wir tauchen ins tiefblaue Wasser ab, erst nach einigen Metern erkennt man schemenhaft den Meeresgrund. Die Strömung treibt uns östlich des Riffs in Richtung Süden. Alles läuft nach Plan. Fast alles. Herrliche Korallenformationen, wie man sie heute nur noch selten sieht. Vor allem die Weichkorallen sind unglaublich groß und in allen Farben und Formen vertreten. Der Fischreichtum ist imposant, wir sind umgeben von riesigen Schwärmen in allen Farben. Doch wo sind die Haie? Erwartungsvoll blicken wir immer wieder weg vom Riff ins blaue Freiwasser. Nichts. Nach 45 Minuten ist der Tauchgang zu Ende. Getrübte Stimmung, kein einziger Hai.
Nach einer kurzen Pause bekommen wir eine weitere Chance. Diesmal springen wir direkt vom Safarischiff ins Wasser, um die Südspitze des Riffs zu erkunden. Die ersten Minuten sollen ein »Blue dive« werden, also in einiger Entfernung vom Riff in größere Wassertiefe führen, wo der Meeresgrund kaum oder gar nicht mehr zu sehen ist. Langsam geht es in die Tiefe. 20 Meter, 25 Meter. Nichts, nur tiefblaues Wasser rund um unsere kleine Gruppe. In 35 Meter Tiefe taucht plötzlich von unten ein Schatten auf. Langsam sind die Konturen zu erkennen. Es ist ein Hai, ein Hammerhai, und er kommt näher. Ich nehme die Kamera hoch und schwimme auf ihn zu. Ohne Gelegenheit, irgendetwas einzustellen, löse ich einige Male aus, da dreht das

beeindruckende Tier ab. Unsere Tauchcomputer ermahnen uns bereits zum Auftauchen, wir sind schon lange in dieser Tiefe. Ein Grauer Riffhai, der auf dem Weg zurück ans Riff in größerer Entfernung an uns vorüberschwimmt, wird kaum noch wahrgenommen. Auch die schönen Korallenformationen, die wir während des restlichen Tauchgangs am Riff vorfinden, sind nur noch Nebendarsteller. Zu groß ist die Begeisterung über unsere erste Begegnung mit einem Hammerhai.

die fehlenden Informationen für ein umfangreicheres Schutzprogramm zur Erhaltung der Walhaie liefern.[158]

Vielerorts, wie zum Beispiel auf den Malediven, den Philippinen oder in Australien, werden von den örtlichen Tauchschulen regelmäßige Ausfahrten zu den Walhaien durchgeführt. Eine Begegnung mit einem Walhai unter Wasser ist zweifellos ein unvergleichliches Erlebnis und wohl der Traum jedes Tauchers, der nur allzu selten in Erfüllung geht. Dennoch hat die Entwicklung in den vergangenen Jahren bedenkliche Ausmaße angenommen. So kreuzen in vielen Walhai-Revieren über mehrere Monate hinweg tagtäglich unzählige Schiffe mit Tauchern und Schnorchlern. Die Auswirkungen der sich daraus ergebenden potenziellen Bedrohungen für die Walhai-Populationen wie Störung der Wanderungen, Störung durch Geräusche, Verletzungen durch Schiffe sowie Zerstörung der Habitate[156] sind erst ungenügend untersucht, aber offensichtlich.

Leider werden in den wenigsten Ländern Empfehlungen, Richtlinien oder gar Gesetze verfasst, die diese Entwicklung in geordnete Bahnen lenken. Der Walhai ist auf der Roten Liste der gefährdeten Arten als »*vulnerable*« (verletzlich, anfällig) eingestuft.[155] Es bleibt zu hoffen, dass sich in den betroffenen Gebieten die verantwortlichen Stellen möglichst bald für striktere Regelungen für den Walhai-Tourismus und Walhai-Fang entscheiden, so wie dies in einigen Ländern und Regionen bereits in beispielhafter Weise geschehen ist oder zumindest vorgeschlagen wurde.[156, 159, 160]

# Korallenfische

Neben den Korallen sind für uns Taucher und Schnorchler vor allem die im Korallenriff und in seiner Umgebung lebenden Fische die Hauptattraktion im Riff. Die enorme Anzahl unterschiedlicher Arten begeistert uns ebenso wie die wunderschönen Farben und Formen bei jedem Besuch. Bei aller Artenvielfalt – zur Erinnerung: das Korallenriff ist nach dem tropischen Regenwald das artenreichste Ökosystem unserer Erde – herrscht dennoch eine sehr strenge Ordnung.[161] Im Riff existieren keine zwei Arten mit identischer Funktion. Wir sind umgeben von Fischen, die in extrem hohen Artenzahlen nebeneinander existieren können. Das funktioniert nur, weil es sich um Spezialisten handelt, die sich im Laufe der Evolution auf eine ganz bestimmte ökologische Nische spezialisiert haben. Putzerfische, Aufwuchsfresser, in Spalten lebende Räuber wie etwa Muränen, frei schwimmende Räuber wie Zackenbarsche oder Haie, Schwarmfische in allen Farben und Formen – jede Art übernimmt eine zumindest geringfügig andere Funktion als ihre Nachbarn innerhalb des Ökosystems Korallenriff.

*Ein Schwarm Wimpelfische Heniochus diphreutes in der rechten Bildhälfte und ein Schwarm Doktorfische (vermutlich Ctenochaetus sp.) in der linken Bildhälfte, Indischer Ozean (Malediven, Ari Atoll)*

## Wieso sind Korallenfische bunt?

Wenn wir zum ersten Mal schnorchelnd oder tauchend ein Korallenriff erkunden, fragen wir uns, welchen Zweck all diese grellbunten Farben wohl haben und wie sie entstanden sein mögen. Evolutionsbiologen und Verhaltensforscher beschäftigen sich schon lange mit dieser Fragestellung. Lange dachte man, dass die Färbung ausnahmslos der Kommunikation und der Partnerfindung diene. Nach aktuellem Wissensstand gibt es aber noch einige weitere Erklärungen für die auffällige Färbung vieler riffbewohnender Fische.

Es ist kein Zufall, dass bei Korallenfischen relativ häufig blau-gelbe Farbkombinationen anzutreffen sind. Blau und Gelb sind Komplementärfarben. Wenn sie gemischt werden, ergeben sie einen Grauton. Während eine der beiden Farben unter bestimmten Lichteinflüssen sehr viel Licht reflektiert, wird von der anderen ein Großteil absorbiert und umgekehrt. Das resultiert in sehr hohen Kontrastunterschieden, wenn beide Farben direkt aneinandergrenzen. Übrigens ist das auch der Grund dafür, dass derartige Farbkombinationen für das menschliche Auge besonders attraktiv erscheinen. Doch wir dürfen nicht vom Menschen auf Tiere schließen.

Man muss davon ausgehen, dass Fische und andere Lebewesen unter Wasser eine anders entwickelte Wahrnehmung von Licht haben. Obwohl sie prinzipiell in der Lage sind, Farben zu sehen und voneinander zu unterscheiden,[162] ist anzunehmen, dass die Empfindlichkeit für bestimmte Farben sowie das Auflösungsvermögen des Auges nicht mit dem Sehsinn des Menschen vergleichbar sind. So kann man beispielsweise berechnen, dass Fische die etwa einen halben Zentimeter breiten Streifen auf dem Körper eines Artgenossen ab einer Entfernung von ungefähr fünf Metern nicht mehr voneinander unterscheiden können, weil ihr Auge ein im Vergleich zum Menschen geringeres Auflösungsvermögen hat. Die häufig komplementären Farben der aneinandergrenzenden Streifen verschwimmen daher für sie zu einem unscheinbaren Grau. Die grellen Farben und Kontraste sind also im Nahbereich sehr gut sichtbar und helfen damit bei der inner- sowie zwischenartlichen Kommunikation sowie der

*Gelb-blaue Farbkombinationen sind unter Korallenfischen häufig (siehe Text).*

*Seite 98: Pfauenkaiserfisch (Pygoplitcs diacanthus). Oben die normale Zeichnung, unten eine Variante. Die Variante weist die abweichende Zeichnung nur auf einer Körperseite auf, ist also asymmetrisch! Indischer Ozean (Malediven, Ari Atoll) bzw. Rotes Meer (Ägypten, El Quseir).*

*Blaustreifen-Schnapper (Lutjanus kasmira), Rotes Meer (Ägypten, Marsa Alam)*

Partnerfindung. Bei größeren Entfernungen dienen sie jedoch eher der Tarnung, weil sie zu unscheinbarem Grau verschwimmen. Ein- und dieselbe Färbung hat also zwei völlig unterschiedliche Funktionen.[163, 164]

Streifen an den Körperseiten sind ein Mittel der gestaltsauflösenden Tarnung, insbesondere bei Tieren, bei denen zumindest eine der Farben ein tiefes Blau darstellt. Sie sind dadurch vor dem blauen Hintergrund des Freiwassers besser getarnt als einfarbige Tiere. Auch hier müssen wir uns von dem Gedanken trennen, dass Tiere im Korallenriff eine ähnliche visuelle Wahrnehmung haben wie Menschen.

Die Färbung der Korallenfische stellt also einen Kompromiss zwischen mehreren ökologischen Anforderungen dar: Tarnen und auffallen, kommunizieren und warnen – all diese Anforderungen erfüllt jede Art in diesem unglaublich artenreichen Lebensraum auf ihre Weise.

Es gibt noch ein weiteres interessantes Phänomen in Zusammenhang mit der Färbung vieler Korallenfische: Jungfische sind oft völlig anders gefärbt als erwachsene Tiere. Der Unterschied in

der Färbung ist so markant, dass einige Jungtiere sogar als eigene Arten beschrieben wurden. Besonders bei den Kaiserfischen, aber auch bei Süßlippen, Schnappern und Brassen ist diese Eigenschaft stark ausgeprägt. Das Foto auf Seite 106 zeigt ein Jungtier des Schwarzweiß-Schnappers *(Macolor niger)*. Ausgewachsene Tiere dieser Art weisen eine sehr unscheinbare, braune Färbung auf. Auf Seite 168 ist die Juvenil- und die Adultfärbung des Putzerfisches *Labroides dimidiatus* abgebildet. Auch hier besteht ein markanter Unterschied. Der Grund für die unterschiedliche Färbung von Jungfischen und ausgewachsenen Fischen liegt in der Unterdrückung von territorialem Verhalten gegenüber Artgenossen. Wie bereits erwähnt, gibt es niemals zwei oder mehrere Arten in einem Ökosystem, die sich hinsichtlich ihrer ökologischen Ansprüche an Nahrungsquellen, Wassertiefe, Strömung und Lebensraum in allen Bedürfnissen gleichen. Ähnliche Arten haben bezüglich des einen oder anderen Aspekts identische Ansprüche, in anderen unterscheiden sie sich. Es gibt allerdings für jedes Individuum einen ultimativen Konkurrenten: den Vertreter der eigenen Art. Er hat in jeder Hinsicht dieselben Ansprüche

*Blaukopf-Kaiserfisch (Pomacanthus xanthometopon), Indischer Ozean (Malediven, Ari Atoll). Kaiserfische erkennt man am Dorn an den Kiemendeckeln.*

*Papageifisch (Scarus sp.), Rotes Meer (Ägypten, Marsa Alam)*

und stellt daher den größten denkbaren Konkurrenten dar. Es ist also nicht verwunderlich, dass Aggressionen gegenüber den eigenen Artgenossen häufig am heftigsten ausfallen. Für Jungtiere wäre das fatal, da sie aus ihren bevorzugten Revieren vertrieben werden würden. Dank der unterschiedlichen Juvenilfärbung werden sie nicht als Artgenossen erkannt und weniger aggressiv aus dem Revier vertrieben als erwachsene Artgenossen. Ein weiterer Grund dafür, dass Jungfische oft völlig anders gefärbt sind, wird im Kapitel *Mimese und Mimikry – Tarnen und Täuschen* besprochen.

## Farbwahrnehmung bei Korallenfischen

Im vorigen Abschnitt haben wir uns mit den intensiven Farben der Korallenfische beschäftigt und erfahren, dass gelbe und blaue Färbungen besonders häufig vorkommen. Gründe dafür findet man in der Farbwahrnehmung von Korallenfischen.
Das Farbspektrum verändert sich mit zunehmender Wassertiefe. Das für den Menschen sichtbare Licht reicht vom energiereichen Blau bis zum energiearmen Rot. Vor allem die Farben Rot und

Orange werden von Wasser jedoch deutlich stärker absorbiert als Grün und Blau. Aus diesem Grund ist bereits in sehr geringen Wassertiefen die Farbe Rot nicht mehr wahrnehmbar – sie wird zu einem dunklen Braun oder sogar zu Schwarz. Schon in Tiefen ab etwa 10 Metern herrschen die Grün- und Blautöne vor und wir Taucher führen deshalb oft auch tagsüber Unterwasserlampen mit.

*Papageifisch (Scarus sp.) bei Nacht, Indischer Ozean (Malediven, Ari Atoll)*

Für Organismen, die in größeren Wassertiefen leben, ist es daher kein Vorteil, die Farbe Rot wahrnehmen zu können. Oder, biologisch formuliert: Es ist extrem unwahrscheinlich, wenn nicht gar unmöglich, dass im Laufe der Evolution Sinnesorgane für Umweltreize entstehen, die es im Lebensraum einer bestimmten Art gar nicht gibt. Der Selektionsdruck fehlt, der den Fortpflanzungserfolg von schlechter angepassten Individuen einer Art reduziert. Erwartungsgemäß haben Untersuchungen von unter Wasser lebenden Tiergruppen gezeigt, dass die Fähigkeit, Rot zu sehen, im Laufe der Evolution nicht entwickelt wurde. Intensive Untersuchungen an Korallenfischen in Hawaii haben ergeben, dass alle untersuchten Arten vor allem grünes und blaues Licht wahrnehmen, nicht aber rotes.

**Rot sehen** bringt nichts unter Wasser

*Der Autor mit einer Rotlichtlampe in einem Felsdurchbruch im nördlichen Kroatien (Istrien),* FOTO: W. REKIRSCH JUN.

Einige Arten sind dagegen sogar in der Lage, UV-Licht zu sehen.[165, 166, 167] Plankton absorbiert UV-Licht in der Regel, daher sehen Organismen, die UV-sichtig sind, das Plankton als dunkle Punkte im Wasser. UV-sensitive Augen sind daher für Plankton fressende Fische vorteilhaft.

Weil viele im Wasser lebende Tiergruppen rotblind sind, verwenden Unterwasserfotografen – besonders bei Nachttauchgängen – gern Rotlichtlampen, um näher an die Tiere heranzukommen. Das für die Tiere unsichtbare Licht verkürzt die Fluchtdistanz oft deutlich. Auch das eine oder andere Foto in diesem Buch ist mithilfe von Rotlicht entstanden.
Die Farbwahrnehmung erfolgt bei Wirbeltieren durch spezielle lichtempfindliche Zellen, die sogenannten Zapfen oder Zäpfchen. Sie liegen in der Netzhaut und reagieren je nach Zelltyp auf unterschiedliche Wellenlängen des Lichts – also auf verschiedene Farben. Der Mensch hat drei dieser Zelltypen, die für rotes, grünes oder blaues Licht empfindlich sind. Menschen mit Rotblindheit, oft fälschlich als Farbenblindheit bezeichnet, fehlen die Zapfen für die Wahrnehmung des roten Lichtes.

Die meisten bis heute untersuchten Meeresfische weisen auf ihrer Netzhaut zwei oder drei dieser Zelltypen auf. Einige wenige Süßwasserfische haben sogar vier verschiedene Zäpfchentypen.[162, 168] Deren Empfindlichkeit liegt aber meistens viel weiter im kurzwelligen, also blauen Bereich und erstreckt sich oftmals auch bis in den sehr energiereichen UV-Bereich. Im langwelligen Bereich endet das für Korallenfische sichtbare Farbspektrum meist bei der Farbe Gelb.[169] Bisher ist nur von einigen Süßwasserfischen wie etwa dem Goldfisch bekannt, dass sie die Farbe Rot sehen können. Bei Meeresfischen kommt das sehr selten vor.

Das Unvermögen, die Farbe Rot wahrzunehmen, zieht sich durch viele Tiergruppen der Unterwasserwelt. So wurde etwa auch die bis vor wenigen Jahren vorherrschende Meinung, Haie könnten Farben sehen, revidiert (siehe Seite 86). Sie sind farbenblind und können nur die Farben Blau und Grün bzw. deren Abstufungen sehen.[140] Auch Kopffüßer wie der Oktopus und die Sepie sind farbenblind. Dass sie Farben trotzdem so genau nachbilden können, beruht unter anderem darauf, dass die unterschiedlichen Farben als abgestufte Grautöne wahrgenommen werden. Daher ist es auch farbenblinden Tieren möglich, die Farben ihrer Umgebung anzunehmen.

*Juwelen-Zackenbarsch (Cephalopholis miniata), Indischer Ozean (Malediven, Ari Atoll)*

Wenn die Farbe Rot schon in geringen Wassertiefen nicht mehr sichtbar ist, wie kann es dann sein, dass wir als Taucher trotzdem rote Objekte sehen können? Es gibt dafür mindestens zwei Gründe. Weil wir wissen, dass bestimmte Organismen rot sind, kann uns unser Gehirn einen Streich spielen. Außerdem: Manche Tiere sind in der Lage, das grüne oder blaue Umgebungslicht in rotes Licht umzuwandeln. Man nennt dies Fluoreszenz, eine interessante Eigenschaft, die man unter anderem von Schwämmen und Korallen kennt. Auch von einigen Fischen ist bekannt, dass sie rot fluoreszieren, allerdings so schwach, dass wir Menschen das nicht sehen können. Interessanterweise ist genau bei diesen Fischarten auch die Fähigkeit ausgeprägt, rotes Licht wahrzunehmen. Aller Wahrscheinlichkeit nach machen sie sich die rote Fluoreszenz zur Arterkennung und zur Kommunikation zunutze,[170] aber nur über kurze Strecken, weil natürlich auch das rote Fluoreszenzlicht von Wasser stark absorbiert wird und daher nur eine geringe Reichweite hat. Wie die bereits erwähnten Gelb-Blau-Färbungen vieler Korallenfische hat auch die Farbe Rot unter Wasser über kurze Entfernungen eine völlig andere Funktion als über große. Die Kommunikation mittels Fluoreszenz ist eine in höchstem Maße schlaue »Erfindung« der Evolution – aus blauem oder grünem Licht generieren die Fische ihr eigenes Rotlicht und nutzen dies vergleichbar einer vom Feind oder der Konkurrenz nicht abhörbaren Funkfrequenz zur innerartlichen Kommunikation oder zur Partnersuche.

Im Kapitel über Schnecken wurden Warnfarben – der sogenannte Aposematismus – erwähnt. Es ist nicht weiter verwunderlich, dass die Farbe Rot unter Wasser so gut wie nie als Warnfarbe zum Einsatz kommt. Die Farbe ist als Warnfarbe schlichtweg ungeeignet unter Wasser. Erstens haben viele potenzielle Fressfeinde keine Rezeptoren dafür. Zweitens ist diese Farbe bereits ab einigen wenigen Metern Wassertiefe nicht mehr sichtbar und damit nutzlos.

Fische und viele andere wasserlebende Tiere nehmen Helligkeit und Farbe unter Wasser völlig anders wahr als Menschen. Die Farben des Korallenriffs sind eben nicht für das menschliche Auge gedacht. Um die bunte Unterwasserwelt und deren ökolo-

*Links oben: Der Langschnauzen-Korallenwächter (Oxycirrhites typus) gehört zu den sogenannten Büschelbarschen, Indischer Ozean (Malediven, Ari Atoll)*

*Unten: Ein Jungfisch des Schwarzweiß-Schnappers (Macolor niger). Adulte Tiere zeigen eine deutlich unauffälligere Färbung (siehe Text). Indischer Ozean (Malediven, Ari Atoll).*

*Seite 108–109: Orientalische Süßlippe (Plectorhinchus vittatus), Indischer Ozean (Malediven, Ari Atoll)*

gische Bedeutung auch nur ansatzweise zu verstehen, müssen wir versuchen, sie mit den Augen der dort lebenden Tiere zu sehen. Die vorherrschenden Farben im Korallenriff sowie die Art und Weise, wie Organismen unter Wasser diese im Vergleich zu Landlebewesen wahrnehmen, sind ein schönes Beispiel dafür, wie einfache physikalische Gesetze evolutionäre Entwicklungen in ganz bestimmte Bahnen lenken. Die Sinne sind genau auf die im Lebensraum herrschenden Bedingungen abgestimmt.

## Fluo-Diving: Rotlichtzone unter Wasser

In den vergangenen Jahren wird von zahlreichen Tauchbasen immer öfter und ausschließlich in den Tropen das sogenannte Fluo-Diving angeboten. Dabei kommen spezielle Lampen und optische Filter zum Einsatz, um fluoreszierende Proteine, die in vielen Korallen und Anemonen vorkommen, zum Leuchten zu bringen. Doch was hat es mit dieser Fluoreszenz auf sich, worin liegt deren biologischer Sinn, welchen Vorteil ziehen die Tiere daraus?

Im Kapitel zu den Seeigeln werden wir noch erfahren, dass es chemische Verbindungen gibt, die die Aufgabe des Schutzes vor schädlichem UV-Licht übernehmen. Unter diesen gibt es auch ein Protein, das das energiereiche (kurzwellige) Licht – vor allem blaues Licht, aber auch UV-Licht – in längerwelliges Licht umwandelt und auf diese Weise einen Teil der Strahlungsenergie in Licht mit anderer Farbe (also anderer Wellenlänge) umformt. Bei dem Protein handelt es sich um das auch in der Biotechnologie und der Zellbiologie zum Einsatz kommende *Green Fluorescent Protein*, kurz GFP genannt. Das Protein wurde im Jahr 1962 bekannt, nachdem es aus einer Qualle isoliert wurde. In der Forschung wird es unter anderem verwendet, um bestimmte Proteine sichtbar zu machen und diese innerhalb von Zellen und Organen lokalisieren zu können. Dazu wird mittels gentechnischer Verfahren an jenen Abschnitt des Erbgutes, an dem die Information zu dem Protein steht, das untersucht werden soll, die Information (das Gen) für das GFP angehängt. Dadurch wird das GFP in das Protein, wenn es vom Organismus produziert wird, automatisch eingebaut: Das entstandene Fusionsprotein

*Links oben: Fledermausfisch (Platax orbicularis), Rotes Meer (Ägypten, Marsa Alam)*

*Unten: Wimpelfische (Heniochus intermedius), Rotes Meer (Ägypten, Marsa Alam)*

## Fluoreszenz : Ein kurzer Ausflug in die Chemie und die Physik

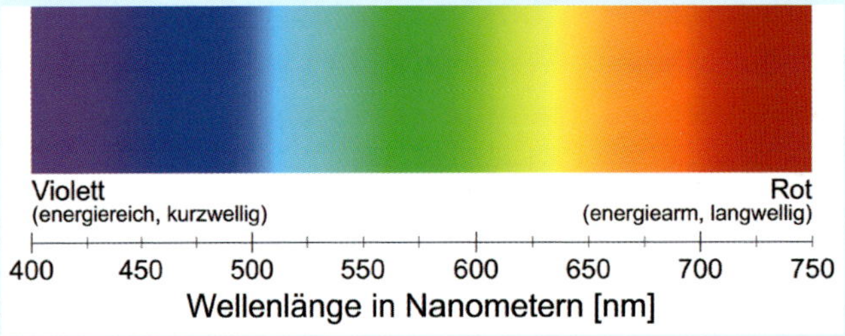


*Das Farbspektrum des für den Menschen sichtbaren Lichtes reicht von Violett bis Rot. Je kürzer die Wellenlänge, umso höher ist der Energiegehalt. Die Eindringtiefe in Wasser nimmt von Rot bis zu Blau kontinuierlich zu und nimmt dann bei Violett in Richtung Ultraviolett (unterhalb von etwa 400 Nanometern; im Bild nicht zu sehen) wieder ab. Ein Nanometer (nm) ist ein Milliardstel eines Meters bzw. ein Millionstel eines Millimeters.*

Da es in diesem Kapitel um Fluoreszenz und um Fluo-Diving geht, wollen wir uns hier einmal etwas genauer ansehen, was Fluoreszenz eigentlich ist. Grundsätzlich kann Licht auf unterschiedliche Weise mit Materie interagieren. Aus dem täglichen Leben kennen wir die Reflexion, bei der Licht in unveränderter Form vom entsprechenden Gegenstand reflektiert wird, während bei der Absorption Licht in Wärmestrahlung umgewandelt wird. Aus diesem Grund erwärmen sich schwarze Gegenstände im Sonnenlicht sehr stark, denn Schwarz ist keine Farbe, sondern bedeutet nur, dass das gesamte einfallende Licht absorbiert wird.

Eine weitere Möglichkeit der Interaktion zwischen Licht und Materie ist die Fluoreszenz. Im Chemie-Unterricht haben wir einmal gelernt, dass die kleinsten Bausteine jeder Materie, die Atome, aus einem positiv geladenen Kern und einer negativ geladenen Hülle bestehen. Sieht man sich diese Hülle näher an, so besteht sie aus negativ geladenen Elektronen, die auf definierten Bahnen den positiv geladenen Kern umkreisen. Trifft nun Licht mit einer ganz bestimmten Wellenlänge auf ein Elektron, so kann dieses Elektron die Lichtenergie aufnehmen. Das äußert sich darin, dass das Elektron auf eine andere Umlaufbahn angehoben wird. Dieser sogenannte *angeregte Zustand* dauert üblicherweise nur extrem kurz. Das Elektron fällt dann wieder in seinen Grundzustand zurück, und dabei wird ein Großteil (aber nicht die gesamte) der zuvor aufgenommenen Energie wieder in Form von Licht freigesetzt. Ein sehr kleiner Teil davon wird in Wärme umgewandelt. Diese geringe Differenz reicht aber aus, dass das

freigesetzte Licht, das als Fluoreszenz sichtbar ist, stets eine etwas größere Wellenlänge als die ursprüngliche Lichtquelle hat. So wird aus ursprünglich blauem oder grünem Licht gelbes oder rotes Licht, aber niemals umgekehrt.
Wir fassen zusammen: Beim Phänomen der Fluoreszenz wird Licht einer bestimmten Wellenlänge in Wärme und in Licht mit etwas kürzerer Wellenlänge umgewandelt.
Wenn der Übergang vom angeregten Zustand in den Grundzustand nicht sofort, sondern mit zeitlicher Verzögerung erfolgt, spricht man von Phosphoreszenz. Diese ist aber weniger aus der Natur als von diversen Kinderspielzeugen bekannt: Es leuchtet eine ganze Weile lang, nachdem wir es mit Licht bestrahlt haben.
Ein mit der Fluoreszenz ebenfalls verwandtes physikalisches Phänomen ist die vor allem aus der Tiefsee zum Beispiel von Anglerfischen oder Quallen bekannte Biolumineszenz. Bei der Biolumineszenz ist allerdings keine Energie in Form von Sonnenlicht erforderlich, sondern die Energie stammt aus einer chemischen Reaktion. Ein bekanntes Beispiel für Biolumineszenz unter den Landlebewesen ist der Leuchtkäfer, oft auch als Glühwürmchen bezeichnet.

leuchtet im Fluoreszenzmikroskop und kann sowohl lokalisiert als auch quantifiziert werden.
Da das Fluoreszenzlicht tagsüber meist vom hellen Sonnenlicht überstrahlt wird, kann man es am besten beim Nachttauchen erkennen. Und auch da benötigt man einige Hilfsmittel. Das GFP fluoresziert nur, wenn man es mit blauem Licht oder mit UV-Licht anregt. Daher ist eine Lampe mit entsprechender Lichtfarbe erforderlich. Sobald man damit Organismen anleuchtet, die das GFP in sich tragen, beginnen diese mehr oder weniger stark zu leuchten, meistens in grüner Farbe. Man kann den Effekt noch verstärken, indem vor der Tauchermaske ein Filter montiert wird, das nur grünes Fluoreszenzlicht durchlässt, nicht aber das blaue Licht der Lampe. Gleiches gilt übrigens für den Fotoapparat: Man benötigt einen blauen Blitz für die Anregung der Fluoreszenz, und damit die Kamera nur das entstehende Fluoreszenzlicht aufnimmt, montiert man vor der Linse ein entsprechendes optisches Filter.

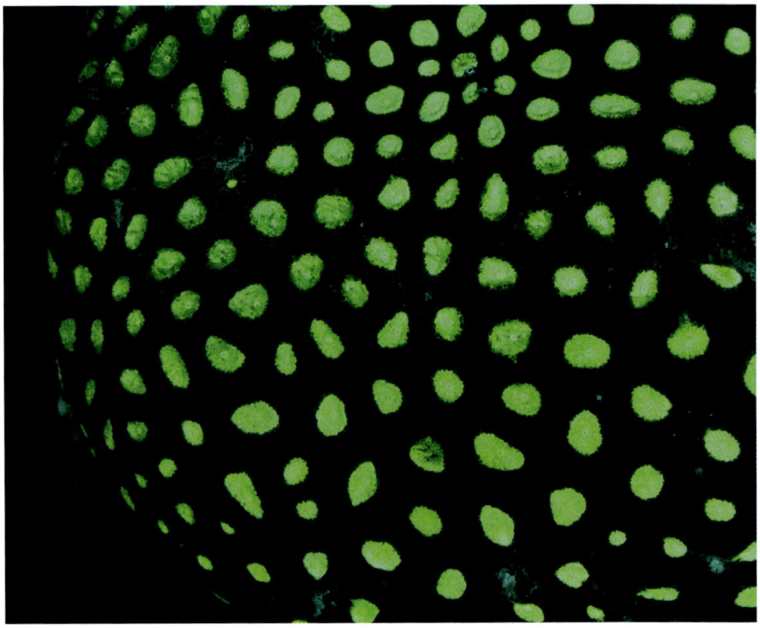

*Fluoreszierende Hirnkoralle (Dipsastraea favus) bei Nacht, Indischer Ozean (Malediven, Ari Atoll)*

Der Eindruck beim Fluo-Diving ist jedenfalls unbeschreiblich – man fühlt sich wie in James Camerons Film *Avatar – Aufbruch nach Pandora*. Hinzu kommt, dass es viele Varianten des GFP gibt, die nicht alle in grüner Farbe fluoreszieren. Am häufigsten sind zwar unterschiedliche Grüntöne, allerdings kommen auch andere Farben vor, die längerwelliger als Grün sind: von Gelb über Orange bis hin zu kräftigem Rot!

Wie eingangs bereits erwähnt dienen die fluoreszierenden Proteine dem Schutz vor intensivem UV-Licht. Theoretisch sollten diese Proteine demzufolge vor allem in jenen Organismen in höherer Konzentration vorkommen, die in seichterem Wasser und an besonders lichtexponierten Stellen leben, während jene, die in tieferem Wasser oder in schattigen Bereichen leben, weniger oder keine dieser Substanzen enthalten. Und genau das konnte in wissenschaftlichen Studien gezeigt werden! Hinzu kommt, dass sich Korallen durch Verlagerung der schützenden Proteine innerhalb ihres Körpers an die jeweilige Lichtsituation anpassen können. Bei jenen Kolonien, die an sehr starkes Licht adaptiert sind, findet man die Proteine oberhalb der symbiontischen Zooxanthellen, um diese zu schützen, während schatten-adaptierte Kolonien die fluoreszierenden Proteine in tiefere

Gewebe verlagern, damit die Zooxanthellen ausreichend Licht für die Photosynthese erhalten. Im Kapitel *Korallen – Baumeister der Riffe* haben wir erfahren, dass Korallen nicht nur bei hohen Temperaturen, sondern auch bei hohen Lichtintensitäten ihre Photosynthese betreibenden Symbiosepartner ausstoßen, was zur Korallenbleiche führt. Man geht davon aus, dass die Lichtadaptation die Anfälligkeit für Korallenbleiche reduziert, weil die fluoreszierenden Proteine den Zooxanthellen einen Lichtschutz bieten.[171]

Dies erklärt übrigens auch, weshalb wir beim Tauchen manchmal tagsüber in Tiefen, in denen es kein natürliches Rotlicht mehr gibt, trotzdem rote Organismen sehen. Einige Anemonen zum Beispiel fluoreszieren in roter Farbe (siehe Abbildung unten), auch wenn man sie nicht mit künstlichem Licht anleuchtet. Hier reichen die kurzwelligen Anteile des natürlichen Lichtes aus, um die Fluoreszenz anzuregen. Wann immer wir also in Tiefen unterhalb von etwa fünf Metern rotes Licht sehen, wird es vor Ort aus längerwelligem Licht generiert. Analoges haben wir bereits im Kapitel zur *Farbwahrnehmung bei Korallenfischen* ab Seite 102 erfahren, wo das produzierte Rotlicht der Kommunikation oder der Partnersuche dient.

*Rot fluoreszierende Blasenanemone (Entacmaea quadricolor) mit einem Pärchen Rotmeer-Anemonenfischen (Amphiprion bicinctus), Rotes Meer (Ägypten, Marsa Alam)*

*Tabakfalterfisch (Chaetodon fasciatus), Rotes Meer (Ägypten, Marsa Alam)*

## Woher kommt der Korallensand?

Eine Frage, die auf den ersten Blick eigenartig anmutet. Es scheint doch klar, dass sehr viele Sedimente, die im Meer zu finden sind, über die zuführenden Flüsse sowie durch Erosion von Fels und Korallen, durch Strömungen und Wellen entstehen. Für das Hausmeer des Europäers – das Mittelmeer – mag das zutreffen. Doch für die Sedimente der Tropen, nämlich den Korallensand, gibt es eine weitere Quelle.

Einige Fischfamilien der Tropen, so etwa die bunten Papageifische, aber auch Doktorfische, Schmetterlingsfische, einige Riff-

barsche und Drückerfische, ernähren sich von Korallenpolypen oder den Algen, die in abgestorbenen Kalkskeletten von Korallen wachsen. Dazu beißen sie mit ihren kräftigen Kiefern Korallenäste ab oder schaben an den Oberflächen von Korallenstöcken. Im Bereich des Schlundes besitzen sie ein Organ, mit dem sie den spröden Kalk fein vermahlen, den sogenannten Schlundkiefer.[172] Im Magen-Darm-Trakt der Fische dient dieses Material dann dem Zermahlen der Algenzellen, die eine harte Zellwand aufweisen und ohne den Korallensand kaum oder gar nicht verdaut werden könnten. Er wird, je nach Größe des Fisches, bereits nach ein bis fünf Stunden wieder ausgeschieden. Durch den relativ hohen Gehalt an unverdaulichem Kalk in der Nahrung sind diese Fische fast ständig mit der Nahrungsaufnahme beschäftigt. Untersuchungen an Riffen im Atlantischen Ozean haben ergeben, dass allein durch die Nahrungsaufnahme dieser Fischfamilien etwa 2300 Kilogramm Korallensand pro Jahr und Hektar produziert werden.[173] So verwundert nicht weiter, dass sie wesentlich zum Entstehen von Malediven-Inseln beitragen.[174] Papageifische besitzen – wie ihr Name schon sagt – in Anpassung an diese spezielle Ernährungsweise kräftige papageischnabelartige Kiefer (siehe Fotos auf den Seiten 102 und 103).

Nicht alle Papageifische ernähren sich von Korallenpolypen. Häufig schaben sie das Korallenskelett nur ganz oberflächlich ab oder es werden gar nur abgestorbene Korallenstöcke gefressen. Diese Arten ernähren sich vom Algenrasen, der in mehr oder weniger dünner Schicht auf dem Untergrund wächst. Es sind unter anderen die Papageifische, die im Korallenriff das Algenwachstum unter Kontrolle halten. Sie übernehmen damit eine sehr wichtige Rolle im Riff.[175] Auch für Seeigel konnte nachgewiesen werden, dass sie einen Beitrag zur Bioerosion liefern. In den untersuchten Regionen des Roten Meeres werden immerhin bis zu 22 % der Brutto-Kalkproduktion der Korallen von Seeigeln abgetragen.[176]

## Geschlechtsumwandlungen

Eine unter Korallenfischen weit verbreitete Eigenschaft ist die der Geschlechtsumwandlung. Anemonenfische etwa verwandeln sich unter bestimmten Bedingungen vom Männchen zum Weibchen, indem die männlichen Geschlechtsorgane zurückgebildet werden, während die weiblichen Geschlechtsorgane sukzessive entwickelt werden. Der Auslöser für die Umwandlung ist sozialer Natur. Es verwandelt sich immer das größte und stärkste Männchen der Gruppe innerhalb einer Anemone zum Weibchen. Diesen Typ von Geschlechtsumwandlung vom Männchen zum Weibchen im Zuge der Individualentwicklung nennt man Proterandrie (Vormännlichkeit). Mehr dazu im Kapitel *Lebensgemeinschaften – Symbiosen* ab Seite 144.

Auch von Lippfischen, Papageifischen sowie von Vertretern der Familie der Sägebarsche wie Fahnenbarsche *(Anthias spp.)* und Zackenbarsche sind Geschlechtsumwandlungen bekannt. Bei ihnen erfolgt die Umwandlung in die umgekehrte Richtung: Jüngere Vertreter sind Weibchen, die Umwandlung zum Männchen erfolgt im Alter. Man nennt dieses Phänomen Proterogynie (Vorweiblichkeit). Auch hier ist ein sozialer Reiz aus der Umwelt Auslöser für die Umwandlung, wie etwa das Verschieben des Geschlechterverhältnisses innerhalb des Schwarmes. Es kommt zur Reduktion des weiblichen Geschlechtshormons Östradiol und zur verstärkten Produktion des männlichen Geschlechtshormons Testosteron, was zur Rückbildung der weiblichen und zur Entwicklung der männlichen Geschlechtsorgane führt. Ähnliche Effekte sind übrigens auch durch weibliche Geschlechtshormone, die unter anderem aus der Antibabypille stammen, bekannt. Wenn sie über häusliche Abwässer in die Umwelt gelangen, kann das zu einer Verschiebung der Geschlechterverhältnisse von Fischen unserer Gewässer führen.
Wenn bei Fahnenbarschen, die in sozialen Gruppen von einigen Männchen und Weibchen leben, ein oder mehrere Männchen entfernt werden, so verwandelt sich meist die gleiche Anzahl an Weibchen innerhalb der Gruppe zu Männchen.[177]

Etwas komplizierter ist der Sachverhalt bei Vertretern der Lippfische. Hier werden Geschlechtsumwandlungen nicht nur von Geschlechterverhältnissen innerhalb der Gruppe oder des Schwarmes bestimmt, sondern zusätzlich von den zahlenmäßigen Verhältnissen zwischen kleinen und großen Individuen.[178] In jedem Fall dient die Geschlechtsumwandlung letztendlich der Maximierung des Fortpflanzungserfolges.

*Rotmeer-Falterfisch (Chaetodon paucifasciatus), Rotes Meer (Ägypten, Marsa Alam)*

Das Männchen des Putzerlippfisches *Labroides dimidiatus*, den wir im Kapitel *Symbiosen* näher kennenlernen werden, lebt in einem Harem mit etwa drei bis sechs Weibchen und einigen Jungtieren. Sobald das Männchen verstirbt, wandelt sich das stärkste Weibchen zum Männchen um. Erste männliche Verhaltensweisen zeigen die ehemaligen Weibchen bereits eineinhalb bis zwei Stunden nach Verschwinden des Männchens und die vollständige Umwandlung zum Männchen ist bereits nach zwei bis vier Tagen abgeschlossen. Es kann aber auch vorkommen, dass ein Männchen eines benachbarten Harems die Weibchen »übernimmt«, noch bevor ein Weibchen sich zum Männchen umwandeln kann. Auch in diesem Beispiel ist die Geschlechtsumwandlung streng hierarchisch geregelt.[179]

**Geschlechts-umwandlung**
Männlein oder Weiblein – Korallenfische sind flexibel, wenn's der Arterhaltung dient

Von Grundeln ist sowohl Proterandrie als auch Proterogynie bekannt und die Geschlechtsumwandlung kann ebenfalls sehr schnell, nämlich innerhalb einiger Tage, erfolgen.[180]

Da die meisten Papageifische proterogyn sind, existieren fast nur kleine Weibchen und große Männchen. Darüber hinaus gibt es bei den Papageifischen große Unterschiede in der Färbung zwischen männlichen und weiblichen Tieren innerhalb einer Art. Doch damit nicht genug, man unterscheidet auch noch Männchen, die schon als Jungfisch männlich waren (primäre Männchen), von jenen, die sich durch Geschlechtsumwandlung aus Weibchen entwickelt haben (sekundäre Männchen) – und beide Typen von Männchen besitzen unterschiedliche Farben und Verhaltensweisen. All das hat dazu geführt, dass ursprünglich fälschlicherweise zu viele Arten beschrieben wurden, da Männchen und Weibchen derselben Art zwei oder gar mehreren unterschiedlichen Arten zugeschrieben wurden.[181]

Beim Europäischen Papageifisch *(Sparisoma cretense)* verhält es sich ähnlich kompliziert: Auch hier kommt es bei vielen Individuen zur Geschlechtsumwandlung vom Weibchen zum Männchen, aber diese Umwandlung ist nur bei noch nicht geschlechtsreifen Weibchen zu beobachten. Geschlechtsreife Weibchen bleiben ihr Leben lang Weibchen. Und wie so oft bestätigen Ausnahmen die Regel: Die Männchen sind ausnahmslos sekundäre Männchen und unscheinbar grau, während die Weibchen farbenprächtig rot gefärbt sind. Der Europäische Papageifisch war übrigens bis zur Einwanderung des Blauband-Papageifisches *(Scarus ghobban)* aus dem Roten Meer der einzige Papageifisch im Europäischen Mittelmeer. Mehr zur Einwanderung fremder Arten aus dem Roten Meer über den Suezkanal ins Mittelmeer, die auch als Lessepssche Migration bezeichnet wird, im entsprechenden Kapitel ab Seite 230.

Wir halten fest: Papageifische verstehen es bestens, mit ihrer geschlechtsabhängigen Farb- und Verhaltensvielfalt innerhalb ein- und derselben Art selbst Biologen bei der Artbestimmung in die Irre zu führen.

Wie alles in der Natur hat auch die Geschlechtsumwandlung einen Sinn und hat sich entwickelt, weil sie der Arterhaltung förderlich ist. Der Vorgang ist, physiologisch betrachtet, mit ei-

*Männchen (oben) und Weibchen (unten) des Europäischen Papageifisches (Sparisoma cretense), Atlantischer Ozean (Portugal, Azoren)*

nigem Aufwand verbunden. Wahrscheinlich ist die Geschlechtsumwandlung aus diesem Grund nur bei jenen Tiergruppen verbreitet, bei denen sich der Energieaufwand in Grenzen hält.[182] Der Fortpflanzungserfolg ändert sich mit dem Alter und der Körpergröße – und zwar je nach Geschlecht in unterschiedlichem Ausmaß. Wenn also ab einem bestimmten Alter Individuen einer Population als Männchen besser zum Erhalt der Art beitragen können als die Weibchen, dann neigen die weiblichen Tiere dazu, das Geschlecht zu wechseln. Umgekehrt gilt das Gleiche. Auch die soziale Struktur eines Harems, wie im Beispiel des Putzerfisches, ist für die Arterhaltung von Vorteil: Nur die stärksten Männchen haben die Möglichkeit, sich zu vermehren, und durch die Paarung mit mehreren Weibchen kommt es zu einer hohen Rate an Rekombination des genetischen Materials, also zu vielen elterlichen Merkmalskombinationen in den Nachkommen. Dies ist im Sinne der natürlichen Selektion von großem Vorteil und kann den evolutiven Erfolg einer Art sicherstellen.

## Papageifische tragen ein Nachthemd aus Schleim

Dem aufmerksamen Nachttaucher fällt auf, dass Papageifische während ihrer Nachtruhe, die sie in Spalten des Korallenriffs verbringen, meist von einer durchsichtigen Schleimblase umgeben sind. Sie dient dem Fisch als Schutz vor Räubern während des Schlafens. Der Schleim wird – ausgelöst durch Dunkelheit – von Drüsen produziert, die sich in der Kiemendeckelregion befinden. Experimente im Aquarium haben gezeigt, dass ständige Beleuchtung die Bildung der Schutzhülle verhindern kann. Das bis zu 6 cm dicke »Nachthemd« entsteht sehr rasch – schon 30 Minuten nach Eintreten der Dunkelheit kann die schützende Schicht fertig ausgebildet sein. Im Schwanzbereich des Fisches bleibt dabei immer eine kleine Öffnung, um den Austritt des Atemwassers zu ermöglichen.[183]

## Fischfang für Aquarienzwecke

In den vergangenen Jahrzehnten wurde leider auch der Fang von Korallenfischen für die Haltung in Aquarien zum Problem. Obwohl mittlerweile viele Arten aufgrund des zunehmenden Nachzuchterfolges in Gefangenschaft nicht mehr importiert werden müssen,[184] wurde durch die Fangaktivitäten die Häufigkeit einiger Arten in den Fanggebieten stark reduziert. Jährlich werden etwa 350 Millionen Zierfische weltweit gefangen. Der Schaden, der durch das systematische Entfernen von Aquarienfischen aus Riffen entsteht, wird meistens unterschätzt, oft sind große Folgeschäden zu verzeichnen. So besteht der begründete Verdacht, dass nach dem Entfernen von Anemonenfischen der Gattung *Amphiprion* aus »ihren« Anemonen die Wirtsanemonen von Falterfischen gefressen werden. Die Anemonen werden von »ihren« Fischen sehr effizient verteidigt und wenn sie nicht schnell genug nachbesetzt werden, sind sie den Falterfischen schutzlos ausgeliefert.[185] Auf den Philippinen beträgt der Anteil an Anemonenfischen und Anemonen an allen für die Aquarienhaltung gefangenen Tieren immerhin 60 %. Je nach Fischart erhält der Fischer gerade mal 3 bis 12 Dollar-Cent, für Anemonen zwischen 30 und 40 Cent (Stand 2002). Vergleichszählungen in geschützten Arealen mit Gebieten, die für den Fang von Aquarientieren freigegeben sind, haben ergeben, dass der unkontrollierte Fang zu einem signifikanten Rückgang der Individuenzahlen der betroffenen Arten geführt hat. Um die Erhaltung der Arten langfristig zu sichern, ist es unerlässlich, die Entnahme für Aquarienzwecke zu limitieren und zu regulieren. So wäre es beispielsweise im Falle der Anemonenfische sinnvoll, das größte Tier der Anemone, stets ein Weibchen mit großem Fortpflanzungserfolg, gemeinsam mit einigen männlichen Jungtieren in der Anemone zu belassen. So ist der Schutz der Anemone ebenso gesichert wie die Fortpflanzung der Fische.[186] Mehr zur Lebensgemeinschaft zwischen Anemonenfischen und Anemonen erfahren wir im Kapitel über Symbiosen (Seite 144 ff.).

Für die Riffe Hawaiis, eine wichtige Quelle für den amerikanischen Zierfisch-Handel, konnte eine Reduktion der bei Meeresaquarianern beliebtesten Korallenfisch-Arten um bis zu 75 % nachgewiesen werden. Neben den direkten Effekten auf die Artenzahl gibt es durch die oft destruktiven Fangmethoden, bei denen Betäubungsmittel oder giftige Cyanide zum Einsatz kommen oder ganze Korallenblöcke aus dem Riff entfernt werden, weitere Schäden am Riff.

Auch wenn es Meerwasser-Aquarianer immer wieder bestreiten: Der durch den Handel mit lebenden Fischen verursachte Schaden ist mancherorts beträchtlich und wissenschaftlich bewiesen.[25, 187]

## Muränen

Muränen zählen zur Ordnung der Aalartigen und sind somit Verwandte des Meeraals *(Conger conger)* und des Europäischen Flussaals *(Anguilla anguilla)*. Sie sind sehr einfach an ihrer typischen, langgestreckten Körperform, den fehlenden Brustflossen sowie der runden Kiemenöffnung zu erkennen. Die Verbreitung erstreckt sich von den gemäßigten Zonen bis in die Tropen. Die Frage, ob der Biss einer Muräne zu einer Vergiftung führen kann, ist noch nicht eindeutig geklärt. Untersuchungen an der Mittelmeer-Muräne *(Muraena helena)* haben ergeben, dass sie keine Giftdrüsen an den Zähnen besitzt. Es ist jedoch möglich,

*Seite 126–127: Große Netzmuräne (Gymnothorax favagineus), Indischer Ozean (Malediven, Ari Atoll)*

*Weißmaulmuräne (Gymnothorax meleagris), Indischer Ozean (Malediven, Ari Atoll)*

dass die Mundschleimhaut ein Gift enthält.[188] Für einige Muränen des Pazifiks gibt es Hinweise, dass deren Biss giftig ist.[206] In jedem Fall – ob giftig oder nicht – kann ein Muränenbiss zu starken Infektionen führen. Dies wird einerseits durch die Keime, die im Maul der Muräne vorhanden sind, andererseits durch die im Salzwasser allgegenwärtigen Wasserkeime ausgelöst. (Die weit verbreitete Meinung, Meerwasser wirke heilend, ist schlichtweg falsch.) Der Biss einer großen Muräne ist ähnlich dem eines Hundes und kann zu schweren Verletzungen mit tiefen Fleischwunden führen.[189] Es soll an dieser Stelle aber ausdrücklich darauf hingewiesen werden, dass Bisse von Muränen extrem selten sind. Sie passieren praktisch immer nur in Verbindung mit angefütterten, an den Menschen gewöhnten Tieren, die eine Neigung zu aggressivem Verhalten haben.[190] Wie allgemein im Tauchsport üblich gilt bei Muränen ganz besonders, dass das Füttern zu unterlassen ist. Das rhythmische Öffnen und Schließen des Mauls der Muräne erinnert den Taucher zwar an eine Drohgebärde, es handelt sich dabei aber lediglich um die Atembewegung der Tiere. Bei Annäherung des Tauchers

zieht sich das Tier fast immer vollständig in seine Höhle zurück. Nur wenn dies nicht möglich ist, verlässt die Muräne ihre Höhle und ergreift die Flucht.

Das Blut der Aalartigen enthält Gifte, die bei rohem Verzehr zu Übelkeit, Erbrechen, Taubheit und in sehr schweren Fällen zu Lähmung und Tod führen können. Außerdem zählt die Muräne zu den sogenannten ciguatera-toxischen Fischen. Das namensgebende Toxin, Ciguatoxin, hat seinen Ursprung in einzelligen, benthischen Algen (Dinoflagellaten der Art *Gambierdiscus toxicus*). Diese produzieren Gambiertoxin, das, von pflanzenfressenden Fischen aufgenommen, zu Ciguatoxin umgewandelt und im weiteren Verlauf der Nahrungskette weiter angereichert wird.[206, 191]

Erst 2007 wurde entdeckt, dass Muränen einen zweiten Kiefer haben. Er sitzt tief im Schlund und besteht aus umgewandelten Kiemenbögen. Er kann beim Erfassen der Beute bis in den Mundraum vorgestülpt werden und ermöglicht es der Muräne,

*Mittelmeer-Muräne (Muraena helena). Was auf diesem Bild wie eine furchterregende Drohgebärde aussieht, zeigt lediglich die Atembewegung des Tieres, nämlich das rhythmische Öffnen des Maules. Die deutlich sichtbaren spitzen Zähne sind nicht giftig. Mittelmeer (Spanien, Ibiza).*

*Mittelmeer-Muräne (Muraena helena), bläuliche und orange Schwämme, zum Teil zerbrochene und veralgte Moostierchen-Kolonien, Mittelmeer (Spanien, Ibiza)*

die Beute in die Speiseröhre zu ziehen. Muränen können ihre Beute nicht durch Einsaugen mittels Erzeugung eines Unterdrucks erfassen, weil sie in engen Spalten leben, in denen die Erzeugung eines Sogs nicht möglich ist.[192, 193]

Muränen leben häufig in Gesellschaft mit Putzerlippfischen *(Labroides dimidiatus)* und/oder Putzergarnelen *(Stenopus hispidus)*. Diese Putzersymbiosen werden im Kapitel *Lebensgemeinschaften und Symbiosen* besprochen.

## Seepferdchen und Seenadeln – Männerkarenz und gelebte Gleichberechtigung bei Fischen

Die wegen ihrer Körperform recht eigenartig anmutenden Seepferdchen und Seenadeln sind nahe miteinander verwandt und zählen zur Familie der Pfeifenfische *(Syngnathidae)*, der auch die besonders gut getarnten Geisterpfeifen- und Fetzenfische angehören. Seepferdchen sind schlechte Schwimmer und daher oft sehr standorttreu. Mit ihrem Schwanz halten sie sich an Seegras, Korallen oder anderen Strukturen fest und verhar-

*Männchen des Langschnäuzigen Seepferdchens (Hippocampus guttulatus), farblich angepasst an den gelben Schwamm Aplysina aerophoba. An der dicken Bauchtasche ist zu erkennen, dass das Tier Eier darin trägt. Mittelmeer (Kroatien, Istrien).*

*Seite 130–131:* *Langschnäuziges Seepferdchen (Hippocampus guttulatus), Mittelmeer (Kroatien, Istrien)*

*Seenadel (Corythoichthys flavofasciatus), Rotes Meer (Ägypten, El Quseir)*

ren meist bewegungslos. Am häufigsten sind sie in Wassertiefen oberhalb von 30 m zu finden. Die geographische Verbreitung der etwas über 30 bekannten Arten reicht von 50° N bis 50° S. Die Fortpflanzung der Seepferdchen verläuft anders als weithin in der Tierwelt üblich: Die Weibchen legen ihre Eier in die Bruttasche der Männchen, wo sie befruchtet werden. Die Bruttasche schließt sich dann und die Eier werden von einem eigens vom Männchen gebildeten, stark durchbluteten Gewebe mit Sauerstoff und Nährstoffen versorgt. Auch die anfallenden Stoffwechselprodukte werden vom Blutgefäßsystem des Männchens abtransportiert. Die Versorgung der Eier wird dabei vom Hormon Prolactin gesteuert – analog der Milchproduktion bei den Säugetieren. Die Eier reifen im Schutz der Bruttasche heran. Nach einigen Wochen schlüpfen die Jungtiere und werden vom Männchen, meist während der Nacht, durch pumpende Bewegungen aus seiner Bruttasche entlassen. Dieser Geburtsvorgang kann mehrere Stunden dauern und einige Arten bringen dabei bis zu 2000 Junge zur Welt. Interessant in diesem Zusammenhang: Viele Seepferdchenarten sind monogam und das Weibchen sucht jeden Morgen sein Männchen für ein Begrüßungsritual auf. Bei den nahe verwandten Seenadeln erfolgt die Fortpflanzung sehr ähnlich. Hier werden die Eier an der Unterseite des Schwanzes der Männchen befruchtet und ausgetragen.

**Ewige Liebe**
Seepferdchen sind treu. Und die Männer kriegen die Kinder.

Seepferdchen können ihre Farbe dem Untergrund anpassen, allerdings nur recht langsam. Der Anpassungsprozess dauert einige Tage oder gar Wochen.[194, 195] Das Langschnäuzige Seepferdchen des Europäischen Mittelmeeres *(Hippocampus guttulatus)* ist daher häufig gelb oder braun gefärbt, je nachdem, auf welchem Untergrund es sich aufhält. Während das Habitat der Seepferdchen in den gemäßigten Breiten vor allem Seegraswiesen und Algen sind, findet man sie in den Tropen im Korallenriff. Insbesondere die Pygmäenseepferdchen sind beliebte Objekte von Unterwasserfotografen. Diese winzigen Vertreter sind bereits mit knapp über 2 cm Gesamtlänge ausgewachsen. Ihre geringe Größe sowie die perfekte Anpassung in Farbe und Form an die Gorgonie, in der sie vorkommen, ist dafür verantwortlich, dass sie nur sehr schwer aufzuspüren sind. So wurde etwa die Art *Hippocampus denise* erst 2003 entdeckt.[196]

Der Geisterpfeifenfisch – ein Verwandter von Seepferdchen und Seenadel – ist ein weiteres, sehr schönes Beispiel für perfekte Tarnung. Er ist im Kapitel *Mimese und Mimikry – Tarnen und Täuschen* auf Seite 179 zu sehen. Ohne genaue Kenntnis über das Aussehen dieses Fisches und dessen bevorzugtes Habitat ist es so gut wie unmöglich, ihn zu Gesicht zu bekommen.
Seepferdchen sind aufgrund ihres Körperbaus schlechte Schwimmer und haben einen recht kleinen Bewegungsradius. Sie sind daher sehr anfällig für Veränderungen in ihrem Habitat, die durch Umweltverschmutzung, Klimawandel, Überdüngung und andere anthropogene Einflüsse initiiert werden. Leer gesammelte Areale können nur sehr langsam wiederbesiedelt werden. Leider sind sie auch Opfer der Traditionellen Chinesischen Medizin. Getrocknet und zu Pulver zerrieben sollen sie allerlei Wehwehchen heilen. Einige Seepferdchen-Arten sind in der Roten Liste der gefährdeten Arten (IUCN) bereits als gefährdet eingetragen und bedürfen besonderen Schutzes, um sie zu erhalten.

# Stachelhäuter

Stachelhäuter – ihr wissenschaftlicher Name ist *Echinodermata* – sind entgegen dem ersten Eindruck ein sehr hoch entwickelter Tierstamm. In vielen Bestimmungsbüchern werden sie direkt vor den Wirbeltieren angeführt. Die Art und Weise, wie sich die befruchtete Eizelle weiterentwickelt, ist ähnlich wie bei den Wirbeltieren, denen sie daher systematisch näherstehen als der Laie vermuten würde.

Zu den Stachelhäutern zählen neben den bekanntesten Klassen der Seeigel *(Echinoidea)*, Seesterne *(Asteroidea)* und Seegurken (*Holothuroidea*) auch die weniger bekannten Haarsterne *(Crinoidea)* sowie die versteckt lebenden oder nachtaktiven Schlangensterne *(Ophiuroidea)*. Die ursprünglich fünfstrahlige Radiärsymmetrie dieser Tiere spiegelt sich in den fünf Armen der Seesterne und Schlangensterne sowie in den fünf Fußreihen der Seegurken wider. Bei einigen Arten wie etwa dem Dornenkronen-Seestern *(Acanthaster planci)* und bei Haarsternen ist diese fünfstrahlige Symmetrie nicht mehr zu erkennen.

*Purpurstern (Echinaster sepositus) bei Nacht, Mittelmeer (Kroatien, Insel Hvar)*

Zwei Mittelmeer-Haarsterne (Antedon mediterranea) sitzen zum Planktonfang auf einem Schwamm in der Strömung, Mittelmeer (Kroatien, Insel Pag)

Stachelhäuter verfügen über eine bemerkenswerte Regenerationsfähigkeit. Einige Vertreter vermehren sich sogar asexuell durch Teilung. Dies ist vor allem bei kleineren, jüngeren Vertretern häufig und hat folgenden ökologischen Vorteil: Stachelhäuter verbringen den ersten Lebensabschnitt als planktontische Larve im Freiwasser. Viele Larven fallen dabei Fischen und anderen Räubern zum Opfer, manche werden von der Strömung in unbesiedelbare Gebiete, zum Beispiel ins offene Meer, getragen. Nur wenige finden zum richtigen Zeitpunkt ein geeignetes Substrat, um sich daran anzuheften und nach der Metamorphose ihr restliches Leben auf dem Meeresgrund zu verbringen. Sobald ein Stachelhäuter ein geeignetes Habitat besiedelt hat, ist es für die Erhaltung der Art von großem Vorteil, die Verluste der vielen Larven rasch zu kompensieren. Es folgt daher eine Phase der möglichst schnellen und effizienten Vermehrung in dieser Umgebung, und die verläuft asexuell.

Die Fähigkeit, Körperteile abzuwerfen – meistens sind dies die Arme – zieht sich durch sämtliche Klassen der Stachelhäuter: Manche Haarsterne tun dies derart häufig, dass man kaum ein Exemplar mit gleich langen Armen finden kann. Von Seeigeln ist bekannt, dass sie das Innenskelett nach einer Verletzung regenerieren und reparieren können. Auch Seegurken vermehren sich asexuell. Sie können sogar sehr rasch ihre Eingeweide, die zur Abwehr von Feinden ausgestoßen werden können, wieder herstellen.
Das Abwerfen oder Abschnüren von Körperteilen nennt man ganz allgemein Autotomie. Wir kennen es auch von Eidechsen, die sich von ihrem Schwanz trennen können, was hier allerdings nicht der Vermehrung dient. Wenn das Abschnüren der Fortpflanzung dient, spricht man von Fissiparie oder fissiparer Fortpflanzung.
Die Regeneration erfolgt bei den Stachelhäutern durch Stammzellen, die also noch nicht zu Zellen mit speziellen Funktionen differenziert sind. Durch entsprechende biochemische Botenstoffe, die bei der Autotomie produziert werden, teilen und differenzieren sich die Stammzellen zu den jeweils benötigten Zelltypen, um die verlorengegangenen Gewebe nachzubilden. In der Erforschung der genauen Steuerungsmechanismen der Regenerationsfähigkeit bei den Stachelhäutern liegt vermutlich ein enormes Potenzial für die Regenerative Medizin beim Menschen.[197, 198]

## Seesterne

Seesterne können wie die meisten Stachelhäuter Körperteile enorm gut regenerieren. Ein ganzer Arm wird bei Verlust nachgebildet und manchmal entstehen aus einem verlorenen oder verletzten Arm sogar mehrere Arme. Auch Seesterne können sich asexuell vermehren: Sie schnüren aktiv einen Arm ab, aus dem sich dann ein ganzer neuer Seestern bildet, der vorerst aus einem großen und vier sehr kleinen Armen besteht, was eigentümlich aussieht und an einen Kometen erinnert. Alternativ teilen sie sich in der Mitte. Vor der Teilung wird das Gewebe in

*Der Kometenstern (Linckia multifora) vermehrt sich asexuell durch Abschnüren von Armen, Indischer Ozean (Malediven, Ari Atoll)*

der Mitte des Seesterns weich und die beiden Hälften wandern bis zur vollständigen Trennung in entgegengesetzte Richtungen. Die Teilung dauert einige Stunden. Anschließend erfolgt die Phase des »Wundverschlusses«, in der sich das Tier üblicherweise nicht fortbewegt. Die nunmehr zwei Seesterne erzeugen nach der vollständigen Regeneration wieder die ursprüngliche Zahl an Armen. Erste neue Arme sind nach einigen Wochen zu erkennen.[199, 200]

Der als Dornenkrone bekannte giftige Seestern *Acanthaster planci* ernährt sich von Korallenpolypen und kann durch sein zeitweilig massenhaftes Auftreten Korallenriffe großflächig vernichten. Für die extreme Vermehrung der Tiere gibt es höchstwahrscheinlich mehrere Ursachen, die bis heute noch nicht bis ins Detail erforscht sind. Grundvoraussetzung ist jedoch, dass der Dornenkronen-Seestern sehr große Mengen an Keimzellen ins Wasser abgibt, die zu einem hohen Prozentsatz befruchtet werden, so dass eine große Anzahl von Larven entsteht.[201] Günstige Meeresströmungen können die planktontischen Larven in großen Mengen in geeignete Riffe transportieren. Die Larven sind darüber hinaus nur innerhalb eines bestimmten Zeitfensters, das

*Dieser Purpurstern (Echinaster sepositus) hat einen Arm zu viel! Die beiden nach unten weisenden Arme sind etwas kleiner. Bei genauer Betrachtung kann man erkennen, dass sie einen gemeinsamen Ansatz zur Körpermitte hin haben. Die beiden Arme wurden daher wahrscheinlich nach dem Verlust eines Armes regeneriert. Mittelmeer (Kroatien, Istrien).*

vermutlich nur wenige Wochen andauert, zur Metamorphose fähig. Der Zeitpunkt, an dem sie in einem Korallenriff ankommen, entscheidet also darüber, ob sie in der Lage sind, sich am Untergrund anzuheften. Außerdem ist der sogenannte Aufwuchs auf dem Untergrund für das Anhaften der Larven entscheidend. Untergründe, auf denen bestimmte Algen- und Bakterienarten wachsen, werden von den Larven bevorzugt angenommen. Und schließlich ist davon auszugehen, dass geringe Zahlen natürlicher Feinde der juvenilen Seesterne eine Massenvermehrung fördern können.

Obwohl sich der Dornenkronen-Seestern mit einer relativ hohen Geschwindigkeit von bis zu 20 Metern pro Stunde fortbewegen kann und auch in tiefe Regionen des Korallenriffs vordringt, ist eine weitreichende Ausbreitung und eine systematische Zerstörung benachbarter Riffe durch ein- und dieselbe Seesternpopulation sehr unwahrscheinlich.

Von ökologischem Interesse bei der Verbreitung des Dornenkronen-Seesterns ist, dass man nur sehr selten Jungtiere in den befallenen Riffen sieht. Vermutlich erfolgt die Besiedelung eines Riffs über das tiefe Wasser, denn die Larven setzen sich bevorzugt in den von Sporttauchern nicht erreichbaren, tiefer als 50 – 60 Meter gelegenen Zonen des Riffabhangs fest. In diesen Regionen kommen auch die bereits erwähnten, die Ansiedelung der Larven positiv beeinflussenden Algen und Bakterien häufiger vor. Nach der Metamorphose zum Seestern beginnen die Jungtiere vom tiefen Wasser aus an den Korallen zu fressen und arbeiten sich langsam in seichtere Regionen vor, wo sie erst nach ein bis zwei Jahren anzutreffen sind. Dieses Verhalten erschwert das frühzeitige Erkennen des Massenvorkommens und es muss schnell reagiert werden, um das Riff noch retten zu können.[202, 203]

Der Dornenkronen-Seestern hat aufgrund seines giftigen Körperschleims nur wenige natürliche Feinde. Einer davon ist das Tritonshorn *(Charonia tritonis)*, eine sehr große tropische Meeresschnecke. Zum Schutz der Riffe wird daher oft vom Menschen nachgeholfen. Dabei kommen verschiedene Methoden zum Einsatz. Der manuelle Abtransport durch Taucher kann aufgrund der spitzen Dornen und der Giftigkeit sehr unangenehme Folgen haben. Darum werden oft Chemikalien wie Kupfersulfat, Formalin, Salzsäure oder Natriumhydrogensulfat direkt in den Seestern injiziert. Insbesondere letztere haben keinerlei negativen Einfluss auf die anderen Lebewesen im Riff. Obwohl das Vorgehen grausam ist, schützt es doch das gesamte Korallenriff vor der Zerstörung. Die beiden dokumentierten Massenvermehrungen am australischen Great Barrier Reef dauerten jeweils einige Jahre an (1962 bis 1977 und 1979 bis nach 1991) und waren so vernichtend, dass die Erholung der am schwersten betroffenen Riffe mindestens 15 – 20 Jahre dauerte.[204, 205]
Der giftige Schleim des Dornenkronen-Seesterns ist ein Cocktail aus vielen verschiedenen bioaktiven Substanzen: Saponine, die biologische Membranen schädigen und hämolytisch wirken (d. h. sie lösen die roten Blutkörperchen auf), übernehmen aufgrund ihres unangenehmen Geschmacks den Fraßschutz. Vasoaktive Substanzen wirken gefäßerweiternd. Histaminähnliche

Inhaltsstoffe rufen allergische Reaktionen und Entzündungen hervor. Myotoxine schädigen das Muskelgewebe und beeinträchtigen den Herzschlag. Das Gift wird passiv durch den Kontakt des Opfers mit den sehr scharfen Stacheln des Seesterns übertragen. Obwohl keine Todesfälle bekannt sind, können doch sehr schwere Vergiftungen und Entzündungen entstehen, die im schlimmsten Fall bereits zu Amputationen geführt haben.[206]

## Seeigel

Seeigel sind wohl den meisten Lesern durch mehr oder weniger unangenehme Erfahrungen wohlbekannt. Die zu bestimmten Jahreszeiten mancherorts im seichten Wasser massenhaft auftretenden Tiere haben mit ihren unangenehmen Stacheln schon so manchem Badeurlauber zu schaffen gemacht. Aufmerksamen Schnorchlern und Tauchern fällt auf, dass sich die beiden häufigsten Seeigel des Mittelmeeres, nämlich der Steinseeigel *(Paracentrotus lividus)* und der Schwarze Seeigel *(Arbacia lixula)*, in ihrem Verhalten deutlich unterscheiden: Der Steinseeigel bedeckt sich mithilfe seiner kleinen Saugfüßchen regelmäßig mit Algen, Steinen und Muschelschalen. Dem Schwarzen Seeigel fehlen die Saugfüße an der Rückenseite, so dass er immer unbedeckt vorgefunden wird. Weshalb »tarnt« sich die eine Art, die andere aber nicht?

Dafür gibt es wahrscheinlich mehrere Gründe, sie sind jedoch noch nicht vollständig geklärt. Der Steinseeigel tarnt sich vermutlich vor Fressfeinden wie den Brassen der Gattung *Diplodus* oder dem Meerjunker *Coris julis* sowie dem Eisseestern *Marthasterias glacialis*. Die Gefahr für einen Seeigel, gefressen zu werden, sinkt mit zunehmender Größe des Tieres, weshalb meist nur die großen Individuen offen auf dem Fels vorgefunden werden, während sich Jungtiere in Felsspalten aufhalten. Für ausgewachsene Seeigel stellen nur mehr sehr große Brassen und Schnecken eine Gefahr dar. Die Tatsache, dass sich Jungtiere häufiger tarnen als Erwachsene, spricht tatsächlich dafür, dass es sich um ein Tarnverhalten oder einen mechanischen Schutz vor Feinden handelt.[207, 208]

Wenn die Fressfeinde, wie etwa die als Speisefische beliebten Brassen, durch Überfischung reduziert werden, kann es zu massenhafter Zunahme der Seeigel kommen, was in vielen Küsten- und Baderegionen des Mittelmeeres zu beobachten ist. Das betrifft dann den gesamten Lebensraum des seichten Uferbereichs, weil die Seeigel große Teile des Seegrases und der Algen abweiden, die vielen anderen Tieren als Laichgrund, Versteck oder Lebensraum dienen. Sind weniger Feinde in der Umgebung, so vergrößert sich der Aktionsradius der Seeigel, was die Massenvermehrung weiter steigert.[209, 210]

*Der Griffelseeigel Heterocentrotus mamillatus zählt zur Familie der Lanzenseeigel und ist im gesamten Indopazifik verbreitet, Rotes Meer (Ägypten, Marsa Alam)*

Neben der Überfischung spielen aber wahrscheinlich noch andere Faktoren eine wichtige Rolle für das zeitweilige Massenauftreten der Seeigel. Vergleiche zwischen unter Naturschutz stehenden Gebieten und ungeschützten Regionen bei den spanischen

Der Feuer- oder Stecknadelkopfseeigel Asthenosoma marisrubri hat deutlich sichtbare weiße Giftkapseln und gehört zur Familie der Lederseeigel, die allesamt giftig sind und bei Berührung sehr starke Schmerzen verursachen, Rotes Meer (Ägypten, El Quseir)

Medas-Inseln sowie Untersuchungen in der kroatischen Adria haben gezeigt, dass Überfischung allein hier keinen Einfluss auf die Häufigkeit der Seeigel hat.[211, 212]

Ein weiterer Grund für das Tarnen insbesondere im Flachwasser, wo sich die Vertreter dieser Art sehr häufig aufhalten: Dort herrscht eine hohe Intensität der schädlichen UV-A- und UV-B-Strahlung, vor der es sich zu schützen gilt. Das Bedecken mit diversen Materialien entspricht also dem Aufspannen eines Sonnenschirms. Bei intensiver UV-Strahlung neigt der Steinseeigel dazu, in etwas tieferes Wasser auszuweichen. Auch von anderen Vertretern der Stachelhäuter ist bekannt, dass sie durch intensive UV-Strahlung geschädigt werden und sich daher durch entsprechende Anpassungen schützen. Schlangensterne etwa führen eine versteckte oder nachtaktive Lebensweise und einige Seesterne können UV-Licht absorbierende Substanzen, sogenannte Mycosporine, aus der Nahrung aufnehmen und in ihren Geweben einlagern.[213, 214, 215] Das Einlagern von UV-absorbierenden Substanzen ist auch von anderen Tiergruppen wie Anemonen, Krebstieren und Riff-Fischen bekannt. Bei Letzteren sind Mycosporine in etwa der Hälfte aller untersuchten Arten in der Hornhaut und der Linse des Auges eingelagert, um UV-Licht zu absorbieren.[216]

**Mycosporine**
Sonnenschutz für Meeresbewohner

Es konnte gezeigt werden, dass der Steinseeigel sich in trübem, sedimentreichem Wasser intensiver und häufiger schützt, indem er sich mit diversen verfügbaren Materialien aus seinem Umfeld bedeckt. Insbesondere die Öffnungen des Innenskeletts, aus denen die Saugfüßchen aus dem Körperinneren nach außen geführt werden, laufen Gefahr, von feinen Sedimenten verschlossen zu werden.[217]
Der wichtigste Antrieb für das Bedecken ist aber vermutlich der mechanische Schutz vor Wellen und Strömungen. Die Tiere vermeiden, dass sie vom Untergrund abgelöst werden und so ihren Fressfeinden ausgeliefert sind, denn die Unterseite des Seeigels, an der sich auch die Mundöffnung befindet, ist die empfindlichste Körperregion der Tiere.

Der Schwarze Seeigel ist mit seinem besonders harten Skelett, den längeren Stacheln und durch die Tatsache, dass er sich extrem fest am Untergrund anheftet, vor potenziellen Fressfeinden noch besser geschützt als der Steinseeigel. Möglicherweise ist das der Grund dafür, dass sich der Schwarze Seeigel nicht tarnt: Er hat es durch seine Robustheit nicht nötig.
Wird der Schwarze Seeigel von turbulentem Wasser in Ufernähe umgedreht, so kann er sich aufgrund der fehlenden Saugfüßchen auf der Körperoberseite nicht mehr durch eigene Kraft zurückdrehen. Vermutlich deshalb lebt er in etwas tieferem Wasser als der Steinseeigel.[218, 219]

# Lebensgemeinschaften – Symbiosen

Im Laufe der Evolution haben sich verschiedene Typen von Lebensgemeinschaften zwischen zwei Arten ausgebildet, die man ganz allgemein als Symbiosen bezeichnet. Insbesondere in der deutschsprachigen Literatur wird der Begriff Symbiose oft für Gemeinschaften verwendet, aus denen beide Seiten einen Vorteil ziehen. Gemäß der ursprünglichen Definition[220], aber auch wenn man den Begriff wörtlich übersetzt, bedeutet Symbiose ganz allgemein Zusammenleben. Biologisch korrekt wird daher mit Symbiose jede Art von Lebensgemeinschaft zwischen zwei verschiedenen Arten bezeichnet, unabhängig davon, ob sich daraus für eine oder beide ein Vorteil oder ein Nachteil ergibt. Bevor wir auf einige prominente Beispiele näher eingehen, sehen wir uns die unterschiedlichen Möglichkeiten des Zusammenlebens an.

**Lebensgemeinschaft**
Nicht immer kommen beide auf ihre Kosten

Der Parasitismus ist eine Lebensgemeinschaft, bei der die eine Art (der Parasit) zum Nachteil der anderen (häufig als Wirt bezeichnet) von dieser profitiert. Von Kommensalismus spricht man dann, wenn eine Art (der Kommensale) von der zweiten profitiert, sich für letztere aber weder ein Nutzen noch ein Schaden ergibt. Die Protokooperation ist eine sehr hoch entwickelte Lebensgemeinschaft, in der beide Arten profitieren, wenngleich sie auch ohne den Partner überleben können. Es handelt sich bei der Protokooperation also häufig um ein zeitlich oder räumlich begrenztes Zusammenleben von zwei Arten.

Wenn keine der beiden Arten ohne ihren Partner überleben kann und sie zwingend aufeinander angewiesen sind, spricht man von Mutualismus oder obligatorischer Symbiose. Auch für die in diesem Zusammenhang zunächst unlogisch erscheinende Form des Zusammenlebens, bei der beide Partner einen Nachteil erleiden, gibt es einen dem Leser sicherlich geläufigen Begriff: Konkurrenz.

In Ökosystemen, in denen sehr viele Arten auf engem Raum zusammenleben, sind hoch entwickelte Gemeinschaften häufig vertreten und geradezu typisch. Es kann sich um ein Zusammenleben von Vertretern völlig unterschiedlicher Tierstämme handeln – etwa um eine Partnerschaft zwischen Fisch und Ane-

mone, zwischen Fisch und Krebs oder zwischen Krebs und Anemone. Manchmal ist es gar ein Zusammenleben von mehr als zwei Partnern, zum Beispiel bei der Anemone, deren symbiontischen Algen und dem Anemonenfisch. Häufig leben aber auch Vertreter gleicher Tiergruppen in einer Gemeinschaft, so etwa bei der Putzerfisch-Symbiose.

In diesem Kapitel werden einige Beispiele von Symbiosen behandelt, die einerseits sehr bekannt, andererseits für Taucher und Schnorchler von besonderem Interesse sind.

## Zooxanthellen – Energielieferanten für viele Tiergruppen

Zooxanthellen begegnen uns in diesem Buch immer wieder. Es handelt sich um symbiontische Algen, die in sehr vielen Tiergruppen vorkommen. In allen Fällen liefern diese Einzeller der Gattung *Symbiodinium* wichtige Photosyntheseprodukte wie Zucker und Stärke an den Symbiosepartner. Die Alge erhält im Gegenzug ein schützendes Habitat, in dem sie sich erfolgreich – vor Fressfeinden geschützt – vermehren kann.

*Clarks Anemonenfisch (Amphiprion clarkii) in der Symbioseanemone Entacmaea quadricolor. Der Fisch ist der am weitesten verbreitete Anemonenfisch und zugleich die Art, die mit den meisten Anemonen eine Symbiose eingeht. Für die Anemone gilt, dass sie am häufigsten als Symbiosepartner auftritt. Man erkennt sie an den oftmals, aber nicht immer vorhandenen, verdickten Bereichen ihrer Tentakel. Indischer Ozean (Malediven, Ari Atoll).*

Wie wir bereits im Kapitel über die Korallen erfahren haben, sind riffbildende Korallen ohne Zooxanthellen nicht lebensfähig. Sie erhalten mehr als 95 % ihrer Nährstoffe von den Symbiosepartnern.[25] Auch in Weichtieren, nämlich unter anderem in Riesenmuscheln der Gattung *Tridacna* und in manchen Schnecken, aber auch in Quallen und Schwämmen sind diese oft lebensnotwendigen Symbiosepartner zu finden. Während die Zooxanthellen bei Korallen und Anemonen im Zellinneren eingelagert sind, liegen sie bei Riesenmuscheln zwischen den körpereigenen Zellen ins Gewebe eingebettet.[221]

## Anemonenfische und Anemonen

Ein Paradebeispiel für eine Symbiose ist die Lebensgemeinschaft zwischen Anemone und Anemonenfischen, die oft auch als Clownfische bezeichnet werden. Sie zählen zu den Riffbarschen, werden bis etwa 15 cm lang und weisen meist eine intensiv orange Grundfärbung mit einer oder mehreren weißen Querbinden auf. Die Verbreitung beschränkt sich auf die tropischen Korallenriffe des Indischen Ozeans, des Roten Meeres und des westlichen Pazifiks. Es gibt Arten, die sehr weit verbreitet sind; andere wiederum kommen endemisch auf den Malediven (Malediven-Anemonenfisch, *Amphiprion nigripes*) oder im Roten Meer (Rotmeer-Anemonenfisch, *Amphiprion bicinctus*) vor. Derzeit sind 30 Anemonenfischarten bekannt, die alle der Gattung *Amphiprion* zugeordnet werden (siehe Tabelle aller Anemonenfischarten und deren Partneranemonen auf den Seiten 160 und 161).
Lange Zeit war umstritten, um welchen Typ der Symbiose es sich bei der Beziehung zwischen Anemonenfisch und Anemone handelt. Heute weiß man, dass es sich, wenn man alle Vor- und teilweise auch Nachteile beider Partner in Betracht zieht, insgesamt meistens um Mutualismus handelt.[222, 223, 224] Die beiden Tierarten sind aufeinander angewiesen und können in der freien Natur langfristig nicht ohne ihren Partner überleben.
Beide Symbiosepartner ziehen mehrere Vorteile aus der Partnerschaft. Die Vorteile für den Fisch liegen auf der Hand: Da er sich zwischen den Tentakeln der Anemone aufhalten kann, ohne

selbst genesselt zu werden, ist er vor Fressfeinden geschützt. Die Anemone schützt auch den Laich und erhöht somit die Überlebensrate der Nachkommen, weil das Gelege immer in der direkten Umgebung der Anemone, meist unter der Mundscheibe, abgelegt wird. Häufig leben Anemonen auch an strömungsexponierten Stellen. Das ist ein sehr begehrter Platz im Korallenriff, garantiert er doch einen permanenten Anstrom von Nahrung in Form von Plankton, das die Hauptnahrungsquelle der Anemonenfische darstellt, sowie den Abtransport von Ausscheidungsprodukten. Ohne hinreichenden Schutz durch die Anemone würden die durchwegs kleinwüchsigen Anemonenfische sehr schnell Räubern zum Opfer fallen.

Ein wesentlicher Vorteil für die Anemone ist, dass die Fische sie sehr aggressiv gegen potenzielle Eindringlinge verteidigen. Deutlich größere Tiere wie etwa Falterfische *(Chaetodontidae)*, die gerne die Tentakel von Anemonen abfressen, werden attackiert und erfolgreich ferngehalten. Selbst Schildkröten werden angegriffen, wenn sie der Partneranemone zu nahekommen. Bemerkenswert ist, dass Anemonenfische die Feinde ihrer

*Malediven-Anemonenfisch (Amphiprion nigripes) in der Anemone Radianthus magnifica. Nicht jede Anemonenart ist in der Lage, ihre Mundscheibe derart zu kontrahieren (siehe Seite 149 unten). Indischer Ozean (Malediven, Ari Atoll).*

Anemone von friedlich gesinnten Fischen unterscheiden können, denn Erstere werden deutlich aggressiver vertrieben.[185] Die Anemone wird noch energischer verteidigt, wenn es zusätzlich Laich oder Jungtiere zu schützen gilt. Entsprechende Angriffe werden häufig von knackenden Geräuschen begleitet, die im Kiefer- und Kiemenbereich erzeugt werden. Durch Aufzeichnen der produzierten Töne im Aquarium konnte nachgewiesen werden, dass Vertreter ein und derselben Art, wenn sie aus verschiedenen geographischen Regionen stammen, unterschiedliche Laute produzieren, also sozusagen verschiedene Dialekte sprechen. Diese lokalen Dialekte könnten, wie es etwa auch bei Vögeln der Fall ist, zur Artbildung beitragen, da sich Vertreter einer Art, die unterschiedliche Dialekte sprechen, nicht mehr miteinander paaren.[225, 226]

*Ein Pärchen des Falschen Clownfisches (Amphiprion ocellaris) in seiner Anemone Radianthus magnifica, Indischer Ozean (Indonesien, Bali)*

Anemonen, in denen ein oder mehrere Anemonenfische leben, weisen durch die effiziente Verteidigung im Vergleich zu Artgenossen ohne Symbiosepartner ein fast dreimal schnelleres Wachstum, eine deutlich höhere Rate asexueller Vermehrung sowie eine geringere Sterblichkeitsrate auf. Anemonen ohne Anemonenfische werden sehr häufig von Falterfischen aufgesucht, von ihnen angefressen und gezwungen, sich tief in Spalten im Riff zurückzuziehen. Das erschwert ihnen die Nahrungsaufnahme und verhindert die Photosynthese der symbiontischen Algen, so dass diese Anemonen schließlich verkümmern und verhungern. Ein weiterer Vorteil der Symbiose ist für die Anemone, dass deren Zooxanthellen von den nährstoffreichen Ausscheidungen der Anemonenfische profitieren.[227]

**Sie können einfach nicht ohne einander:** der Anemonenfisch und »seine« Anemone

Die Entstehung der Symbiose zwischen Anemonenfisch und Anemone ist ein hochinteressantes und ebenso komplexes Beispiel für Co-Evolution: Erst durch die Anwesenheit eines Anemonenfisches ist es der Anemone möglich, besonders lichtexponierte Stellen im Riff zu besiedeln, an denen eine sehr hohe Photosyntheserate der in ihrem Gewebe lebenden symbiontischen Algen möglich ist. Wahrscheinlich hat die Symbiose die Entwicklung von sehr großflächigen tentakeltragenden Mundscheiben ermöglicht, die der Optimierung der Photosyntheserate dienen. Durch die stark vergrößerte Mundscheibe sind diese Anemonen in der Lage, sich weitgehend oder ausschließlich über die Photosynthese der Zooxanthellen zu ernähren. Denn dank des permanenten Schutzes durch den Fisch muss die Anemone sich bei Annäherung eines Feindes nicht mehr kontrahieren. Einige Anemonenarten haben sogar die Fähigkeit verloren, die Mundscheibe zur Beförderung von Beute in den Verdauungstrakt einzuziehen, gleichzeitig aber auch die Fähigkeit, sich vor Feinden zu schützen. Das unterstreicht die Bedeutung, die der Anemonenfisch für seine Anemone hat. Der Fisch profitiert davon, dass die Anemone ihre Mundscheibe nicht mehr kontrahieren kann, weil dadurch ein permanenter Schutz durch die Anemone sichergestellt ist. Das Foto des Malediven-Anemonenfisches *(Amphiprion nigripes)* in seiner Symbioseanemone auf Seite 147 zeigt, dass es bei kontrahierter Mundscheibe sehr

schnell eng werden kann und möglicherweise nicht mehr für alle Anemonenfische Platz ist.
Wie schon gesagt, profitieren die symbiontischen Zooxanthellen und dadurch auch die Anemone von den nährstoffhaltigen Ausscheidungen des Fisches. Umgekehrt profitiert aber auch der Fisch, denn er nimmt Zooxanthellen in geringen Mengen auf, die sich im Körper der Anemone vermehrt haben und von ihr abgegeben wurden. Genaugenommen ist diese Symbiose also eine Dreifach-Symbiose zwischen Anemone, Zooxanthellen und Anemonenfisch, da die Anforderung an die Anemone, eine möglichst große Mundscheibe zu entwickeln, von den lichtabhängigen symbiontischen Zooxanthellen auferlegt wurde.[185, 223, 228, 229, 230]
Ein weiterer, oft zitierter Vorteil für die Anemone ist, dass sie bei jeder Mahlzeit des Fisches geringe Mengen von dessen Beute abbekommt. Das ist allerdings vermutlich ein Artefakt aus Aquarienbeobachtungen. Dort werden nämlich größere Futterstücke verabreicht, während sich Anemonenfische in der freien Natur fast ausschließlich von Plankton ernähren. Bei Beobachtungen von Tauchern und Aquarianern, wonach Anemonenfische ihre Anemone regelrecht füttern würden, handelt es sich möglicherweise nur um ein vorübergehendes Zwischenlagern, also ein In-Sicherheit-Bringen von größeren Beutestücken. Es wurde auch schon beobachtet, dass Anemonenfische ihre Anemonen von Fremdkörpern, wie zum Beispiel hängengebliebenen Algen, reinigen.
Wie kommt es nun, dass der Fisch vom Nesselgift der Anemone nicht getötet wird? Der Anemonenfisch kann eine Immunität gegen das Gift entwickelt haben oder in der Lage sein, die Nesselkapseln an der Entladung zu hindern. Unter den Anemonenfischen sind beide Varianten vertreten. Für eine Art, *Amphiprion percula*, konnte nachgewiesen werden, dass sie im Laufe der Evolution eine Immunität gegen das Gift von zumindest einer Anemonenart erworben hat.[231] Entscheidend ist allerdings nicht, dass der Fisch immun ist, sondern dass er zusätzlich verhindert, dass die Nesselkapseln der Anemone entladen werden. Das erreicht er durch eine schützende Schleimschicht, die bei verschiedenen Anemonenfischarten auf unterschiedliche Weise entsteht. Es muss ja im Interesse des Anemonenfisches sein, die

Nesselkapseln seiner Anemone nicht selbst zu entladen. Nur so bleibt die Fähigkeit der Anemone erhalten, potenzielle Fressfeinde sowohl des Fisches als auch der Anemone durch die starken Nesseln fernzuhalten.
Einige Anemonenfischarten erwerben die schützende Schleimschicht von ihrer Wirtsanemone, indem sie durch wiederholte vorsichtige Berührungen Schleim der Anemone auf ihre Körperoberfläche übertragen. Dabei wird meist bei der Maulregion begonnen, mit den Flossenspitzen fortgesetzt und zuletzt wird der restliche Körper mit der Schleimschicht überzogen. Der Schleim, der bei der Anemone verhindert, dass sie sich mit ihren eigenen Tentakeln nesselt, überzieht schließlich den gesamten Anemonenfisch, daher kann er sich frei zwischen den Tentakeln bewegen, ohne genesselt zu werden. Aus eigenen Beobachtungen dauert der Aufbau der Schutzschicht bei Aquarienhaltung bei *Amphiprion ocellaris* einige Tage. Andere Autoren berichten, dass dieser Akklimatisierungsprozess im Aquarium für *Amphiprion percula* eine mittlere Zeitspanne von etwa einer Stunde benötigt.[232] Eine andere Anemonenfischart, Clarks Anemonenfisch *(Amphiprion clarkii)*, siehe Foto auf Seite 145, ist durch seine eigene schützende Schleimschicht auf seiner Körperoberfläche gegen die Nesseln einiger seiner Partneranemonen geschützt. Während die pelagisch lebenden Larven von Clarks Anemonenfisch bei Kontakt mit der Anemone getötet werden, sind die einige Tage älteren Jungfische, sobald sie zur benthischen Lebensweise übergehen, bereits geschützt. Bei dieser Anemonenfischart bedarf es also – im Gegensatz zu vielen anderen Arten – keiner Akklimatisierungsphase.[233]

Die Verteilung der 30 Anemonenfischarten auf die zehn für Symbiosen in Frage kommenden Anemonenarten ist höchst interessant und keinesfalls eindeutig. Es existieren einige Beispiele von Konkurrenz zwischen zwei Anemonenfischarten (interspezifische Konkurrenz) um eine Anemone. Auf den Komoren gibt es nur eine einzige Anemonenfischart (*A. akallopisos,* Weißrücken-Anemonenfisch), die dort in zwei Arten von Anemonen lebt. Dort, wo es auch andere Mitbewerber gibt, bewohnt der Weißrücken-Anemonenfisch jedoch nur eine der beiden Arten, weil die andere Anemonenart von einem anderen Anemonenfisch bewohnt wird. Von großen Anemonenfeldern ist bekannt, dass Exemplare, die den besten Schutz bieten, also im Zentrum des Feldes liegen, von den aggressivsten Arten der Anemonenfische besiedelt sind. An der Peripherie leben zunehmend schwächere und weniger aggressive Arten. Bei sehr hoher interspezifischer Konkurrenz ist die schwächere Art aufgrund ihres geringen oder gar nicht vorhandenen Fortpflanzungserfolges gezwungen, abzuwandern.

Grundsätzlich gilt bei der Besiedelung von Anemonen durch Anemonenfische die Regel: »Wer zuerst kommt, hat gewonnen.« Einmal besiedelte Anemonen können auch von schwächeren Arten sehr effizient verteidigt werden. Auch der Zufall spielt eine Rolle und offensichtlich ist es für einen Anemonenfisch schwierig, eine bereits von einer konkurrierenden Art besetzte Anemone zu erobern.[234, 239] Eine weitere Theorie beruht auf der Minimierung von Konflikten: Jene Anemonenfischart, die zuerst die Anemone besiedelt, gewinnt, um Konflikte zu minimieren (siehe *Prisoner's Dilemma* Seite 162 ff. ).

Ungefähr ein Drittel aller Anemonenfischarten geht mit nur einer einzigen Anemone eine Symbiose ein und etwa die Hälfte der Fische mit zwei bis fünf verschiedenen Anemonenarten. Clarks Anemonenfisch kommt dagegen auf zehn Anemonen. Dies ist die einzige Anemonenfischart, die mit allen Anemonen, die für Symbiosen mit Fischen bekannt sind, eine Symbiose eingehen kann. Für zwei dieser Arten ist Clarks Anemonenfisch noch dazu die einzige Art, die mit dieser Anemone eine Symbiose eingehen kann. Vermutlich ist das der Grund dafür, dass Clarks Anemonenfisch am weitesten verbreitet ist.[234, 240]

Flexiblere Arten, also jene, die mit vielen Anemonen eine Symbiose eingehen können, sind die chemisch/physiologisch und ökologisch anpassungsfähigeren. Dafür, dass nicht jede Anemonenfischart mit jeder Anemonenart eine Bindung eingeht oder besser gesagt eingehen kann, gibt es mehrere Gründe, wie zum Beispiel unterschiedliche Anpassungsmechanismen und Immunitäten. Oder die Arten haben verschiedene Verbreitungsgebiete und kommen in der freien Natur nicht immer gemeinsam vor und Konkurrenz zwingt so manche Anemonenfischart,

ihre Verbreitung auf eine oder einige wenige Anemonenarten zu beschränken.
Weil einige Anemonenfische mit nur wenigen oder sogar nur mit einer einzigen Anemonenart eine Symbiose eingehen, erleichtert das ihre Bestimmung. Es ist eindeutig, dass es sich bei der Partneranemone des relativ einfach zu bestimmenden Malediven-Anemonenfisches um *Radianthus magnifica* handeln muss, da der Fisch nur in dieser einzigen Anemonenart vorkommt. Analog gilt die einfache Bestimmung natürlich auch umgekehrt für die Bestimmung des Anemonenfisches, wenn die Anemone einer Partnerschaft eindeutig bestimmt wurde und es nur einen einzigen oder einige wenige mögliche Symbiosepartner gibt.
Wie schon erwähnt, werden alle 30 Anemonenfischarten nur zwei Gattungen zugeordnet. Diese zählen beide zur gleichen Familie, nämlich zu den Riffbarschen *(Pomacentridae)*, und sind damit sehr nahe miteinander verwandt. Die zehn bekannten Symbioseanemonen allerdings verteilen sich auf insgesamt drei Familien und sind daher untereinander keineswegs so nahe miteinander verwandt wie die Vertreter ihrer Partnerfische. Die Tabelle auf den Seiten 160 und 161 stellt alle bekannten Kombinationen der Anemonenfisch-Anemone-Symbiose dar.
Zumindest anhand eines Beispiels konnte gezeigt werden, dass auch die Eier von Anemonenfischen nicht genesselt werden: Die Eier von *A. percula* lösen die Nesselkapseln der Anemone *Stoichactis sp.* nicht aus.[232]
Die Anemone scheidet chemische Stoffe aus, die dem Fisch das Auffinden der Anemone auch ohne Sichtkontakt ermöglichen kann.[232, 241] Diese Botenstoffe sind so spezifisch, dass der Fisch verschiedene Anemonenarten voneinander unterscheiden kann. Das ist insofern von Bedeutung, als – wie bereits angeführt – nicht jede Anemonenart für jede Anemonenfischart einen geeigneten Partner darstellt. Das Erkennen der für eine Symbiose in Frage kommenden Anemone ist angeboren. Es wird darüber hinaus in einer sehr frühen Phase der Entwicklung – möglicherweise noch im Ei, zumindest aber in der frühen Entwicklungsphase nach dem Schlüpfen – durch sogenannte Prägung verstärkt. Tiere, die in dieser sensiblen Phase mit chemischen Reizen ihrer Partneranemonen in Kontakt gekommen sind, finden diese

*Seite 154–155: Goldstriemen (Sarpa salpa) sind pflanzenfressende Schwarmfische und proterandrische Zwitter, Mittelmeer (Spanien, Ibiza)*

noch Monate später mit höherer Effizienz. Da Anemonenfische, wie bereits erwähnt, ihre Gelege immer in unmittelbarer Nähe ihrer Anemone ablegen, erfolgt diese Prägung in der freien Natur ausnahmslos in jeder Generation. Wenn Tiere hinsichtlich der Auswahl ihres später bevorzugten Habitats geprägt werden, spricht man von ökologischer Prägung. Sie ist nicht bei allen Anemonenfischen in gleichem Maße zu finden. Bei Arten, deren Prägung weniger stark entwickelt ist, ist die vererbte Eigenschaft, ihre Partneranemonen über chemische Reize zu finden, deutlich stärker.[242]

Eine weitere interessante Eigenart von Anemonenfischen ist die Tatsache, dass sie generell als funktionelles Männchen zur Welt kommen. Das jeweils größte und stärkste Exemplar der meist gesellig lebenden Tiere durchläuft dann eine Geschlechtsumwandlung vom Männchen zum Weibchen. Sobald ein Weibchen in einer Anemone verstirbt, verwandelt sich das stärkste Männchen und übernimmt dessen bisherige Funktion. Auch bei den Männchen sind die weiblichen Keimdrüsen rudimentär vorhanden, werden aber erst bei Bedarf entwickelt. Man nennt dies Proterandrie und die Tiere proterandrische Zwitter.

Untersuchungen an Anemonenfischarten, die in Gruppen leben, haben gezeigt, dass Größe und Wachstumsrate der Tiere in direktem Zusammenhang mit ihrer Position innerhalb der Hierarchie der Gruppe stehen: je weiter oben in der Hierarchie, desto größer das Tier. Neben dem größten Tier, dem Weibchen, ist das dominanteste Männchen, das sich innerhalb der Gruppe als einziges Männchen fortpflanzt, das zweitgrößte Tier. Zunehmend kleiner – ebenfalls einer strengen Hierarchie unterliegend – folgen dann die sogenannten Satellitenmännchen, die gemeinsam mit dem fortpflanzungsfähigen Paar leben und in der Hierarchie um eine Position nach oben rücken, sobald eines der dominanteren Tiere verstirbt. Für das einzelne Tier ist es von enormer Wichtigkeit, innerhalb einer Anemone einen möglichst hohen Rang zu erlangen, denn mitunter kommt es vor, dass die rangniedrigsten Bewohner einer Anemone vertrieben werden. Der Rang entscheidet somit über den Fortpflanzungserfolg, den Schutz und die Qualität des Futters für ein Tier und ist damit ein wichtiger Selektionsfaktor, um den Fortbestand der eigenen

Gene zu sichern. Nur die stärksten und dem Konkurrenzkampf am besten angepassten Tiere bekommen eine Chance auf Fortpflanzung, und diese vorteilhaften Eigenschaften werden an ihre Nachkommen vererbt.[243, 244, 245]

Warum sind die Verbreitung der Anemonenfische und deren Symbiosen mit Anemonen auf den Indopazifik beschränkt? Eine mögliche Erklärung dafür, dass es in der Karibik keine Symbiose zwischen Anemonen und Fischen gibt, ist, dass einstige Anemonenfische der Karibik – wie auch immer diese ausgesehen haben mögen – im Zuge der Abkühlung während der Eiszeit ausgestorben sind. Diese ökologische Nische ist in den karibischen Korallenriffen also noch frei oder besser gesagt, wieder frei geworden. Es gibt allerdings bereits eine ganze Reihe von Arten, die zumindest eine sehr lose Beziehung mit Anemonen eingehen oder in einem bestimmten Lebensabschnitt mit einer Anemone zusammenleben. Dies weist darauf hin, dass bereits ein »Kampf« um diese ökologische Nische begonnen hat.[246] Bemerkenswert ist auch, dass Anemonenfische bei Aquarienhaltung auch Symbiosen mit karibischen Anemonenarten eingehen, mit denen sie in der freien Natur aufgrund der geographischen Trennung nie in Kontakt kommen.[234]

Der Vollständigkeit halber sei noch erwähnt, dass es sich bei der Symbiose zwischen Anemonenfisch und Anemone nicht ausnahmslos um Mutualismus handelt. In einigen Gebieten, insbesondere dort, wo temperaturbedingt keine Falterfische, die Hauptfeinde von Anemonen, vorkommen, können Anemonen auch ohne Anemonenfische überleben.[185] Während also Anemonenfische niemals ohne Anemone anzutreffen sind und in freier Wildbahn ohne diese nicht überleben können, gibt es unter den Anemonen einige, die auch ohne Symbiosepartner überlebensfähig sind. Diese alleinstehenden Anemonen sind allerdings äußerst selten anzutreffen und selbst wenn einzelne Anemonen auch ohne Partner überleben können: Die Arterhaltung der Anemone wäre gänzlich ohne Symbiosepartner vermutlich nicht möglich.

Trotz jahrzehntelanger Forschungsaktivitäten gibt es zur Symbiose zwischen Anemonenfischen und Anemonen noch unzählige offene Fragen. So ist etwa nach wie vor nicht für jede Art ein-

*Seite 158–159:*
*Rotmeer-Anemonenfisch (Amphiprion bicinctus) in einer Prachtanemone (Radianthus magnifica), Rotes Meer (Ägypten, El Quseir)*

| Tabelle aller derzeit bekannten Partnerschaften zwischen den 30 bekannten Anemonenfischarten und den 10 bekannten Symbioseanemonen[228, 240, 248, 249] | | *Cryptodendrum adhaesivum* | *Entacmaea quadricolor* |
|---|---|---|---|
| *Amphiprion akallopisos* | Weißrücken-Anemonenfisch | | |
| *Amphiprion akindynos* | Barriereriff-Anemonenfisch | | • |
| *Amphiprion allardi* | Allards Anemonenfisch | | • |
| *Amphiprion barberi* | Barbers Anemonenfisch | | • |
| *Amphiprion biaculeatus* | Samt-Anemonenfisch | | • |
| *Amphiprion bicinctus* | Rotmeer-Anemonenfisch | | • |
| *Amphiprion chagosensis* | Chagos-Anemonenfisch | | |
| *Amphiprion chrysogaster* | Mauritius-Anemonenfisch | | |
| *Amphiprion chrysopterus* | Orangeflossen-Anemonenfisch | | • |
| *Amphiprion clarkii* | Clarks Anemonenfisch | • | • |
| *Amphiprion ephippium* | Glühkohlen-Anemonenfisch | | • |
| *Amphiprion frenatus* | Weißbinden-Glühkohlen-Anemonenfisch | | • |
| *Amphiprion fuscocaudatus* | Seychellen-Anemonenfisch | | |
| *Amphiprion latezonatus* | Weißband-Anemonenfisch | | |
| *Amphiprion latifasciatus* | Madagaskar-Anemonenfisch | | |
| *Amphiprion leucokranos* | Weißkäppchen-Anemonenfisch | | |
| *Amphiprion mccullochi* | McCullochs Anemonenfisch | | • |
| *Amphiprion melanopus* | Schwarzflossen-Anemonenfisch | | • |
| *Amphiprion nigripes* | Malediven-Anemonenfisch | | |
| *Amphiprion ocellaris* | Orangeringel-Anemonenf. (Falscher Clownfisch) | | |
| *Amphiprion omanensis* | Oman-Anemonenfisch | | • |
| *Amphiprion pacificus* | Pazifischer Anemonenfisch | | |
| *Amphiprion percula* | Echter Clownfisch (Trauerband-Anemonenfisch) | | |
| *Amphiprion perideraion* | Halsband-Anemonenfisch | | |
| *Amphiprion polymnus* | Sattelfleck-Anemonenfisch | | |
| *Amphiprion rubrocinctus* | Australischer Anemonenfisch | | • |
| *Amphiprion sandaracinos* | Oranger Anemonenfisch | | |
| *Amphiprion sebae* | Goldschwanz-Anemonenfisch | | |
| *Amphiprion thiellei* | Thielles Anemonenfisch | | |
| *Amphiprion tricinctus* | Dreiband-Anemonenfisch | | • |
| **Zahl der Partner** | | 1 | 14 |

| *Heteractis aurora* | *Heteractis doreensis* | *Radianthus crispa* | *Radianthus magnifica* | *Radianthus malu* | *Stichodactyla haddoni* | *S. gigantea* | *S. mertensii* | Zahl der Partner |
|---|---|---|---|---|---|---|---|---|
| | | | • | | | | • | 2 |
| • | | • | • | | • | • | • | 7 |
| • | | | | | | | • | 3 |
| | | • | | | | | | 2 |
| | | | | | | | | 1 |
| • | | • | • | | | • | • | 6 |
| | | | | | | | | ? |
| • | | | • | | • | | • | 4 |
| • | • | • | • | | • | | • | 7 |
| • | • | • | • | • | • | • | • | 10 |
| | | • | | | | | | 2 |
| | | | | | | | | 1 |
| | | | | | | | • | 1 |
| | | • | | | | | | 1 |
| | | | | | | | • | 1 |
| | | • | • | | | | • | 3 |
| | | | | | | | | 1 |
| | | • | • | | | • | | 4 |
| | | | • | | | | | 1 |
| | | | • | | | • | • | 3 |
| | | • | | | • | | | 3 |
| | | | • | | | | | 1 |
| | | • | • | | | • | | 3 |
| | • | • | • | | | • | | 4 |
| | • | • | | | • | | | 3 |
| | | | | | | • | | 2 |
| | | • | | | | | • | 2 |
| | | | | | • | | | 1 |
| | | | | | | | | ? |
| • | | • | | | | | • | 4 |
| 7 | 4 | 15 | 13 | 1 | 7 | 8 | 13 | |

deutig geklärt, ob die Schleimschicht des Fisches, die ihn gegen Vernesselungen durch die Anemone schützt, von ihm selbst gebildet oder von der Anemone übernommen wird. Es gibt Hinweise darauf, dass einige Anemonenfischarten den Schleim von den Anemonen übernehmen, aber auch Hinweise, dass die Fische diese Schicht zumindest als Jungfisch selbst produzieren – ohne jemals mit einer Anemone in Kontakt getreten zu sein. In manchen Fällen, so wird vermutet, wird die Bildung der fischeigenen Schleimschicht durch den Kontakt des Fisches mit der Anemone angeregt. Es ist auch noch nicht völlig geklärt, ob das häufig in Forschungsaquarien beobachtete Akklimatisierungsverhalten bei einigen Anemonenfischarten möglicherweise nur ein Artefakt der Aquarienhaltung oder der Versuche selbst ist, weil der Fisch häufig gewaltsam von seiner Partneranemone getrennt wurde. Aus Aquarienbeobachtungen ist bekannt, dass bei längerer Trennung von der Partneranemone die schützende Schleimschicht des Fisches verlorengeht und durch vorsichtige Kontaktaufnahme erneut erworben werden muss. In der freien Natur leben Anemonenfische anders als in Gefangenschaft immer mit ihren Partneranemonen zusammen, daher stellt sich das Problem der Akklimatisierung für adulte Tiere erst gar nicht. Man muss davon ausgehen, dass die derzeit bekannten Kombinationen des Zusammenlebens von Anemonenfischen und Anemonen (siehe Tabelle auf den Seiten 160 und 161) in fast jedem einzelnen Fall hinsichtlich Entstehung, Aufrechterhaltung und Spezifität Unterschiede aufweisen. Man kann keinesfalls allgemeingültige Aussagen hinsichtlich der Entstehung und Aufrechterhaltung der Schutzschicht treffen beziehungsweise zu der Frage, ob die Immunität erworben ist oder durch die Verhaltensweise bei der Akklimatisierung angeeignet wird. Wie bereits erwähnt, handelt es sich auch nicht in jedem Fall um Mutualismus.

## Prisoner's Dilemma

Interessante Aufschlüsse über die evolutionsbiologische Entstehung von Symbiosen liefert die eigentlich triviale Betrachtung mit dem Namen *Prisoner's Dilemma*, ein mathematisches und unter anderem auf den Gesetzen

der Wahrscheinlichkeitsrechnung basierendes Kooperationsmodell. Es beschreibt das unterschiedliche Verhalten zweier Gefangener, die verdächtigt werden, miteinander eine Straftat begangen zu haben. Die Gefangenen werden unabhängig voneinander befragt und entweder können beide die Straftat zugeben, was in einer limitierten Strafe resultiert, oder sie können beide schweigen, also miteinander kooperieren, was die minimale Strafe zur Folge hat. Wenn einer die Tat zugibt und der andere schweigt, führt das für Letzteren, der erfolglos versucht zu kooperieren, zur Höchststrafe, während der Gestehende mit einer sehr geringen Strafe davonkommt.
Die gleichen drei Verhaltensvarianten gelten für das Aufeinandertreffen von zwei Individuen unterschiedlicher Arten: Sie kooperieren, sie versuchen, den jeweils anderen auszubeuten oder einer kooperiert und der andere beutet aus.
Diese sehr theoretischen, aber mathematisch einfach und korrekt zu formulierenden Überlegungen kann man auch auf die Tier- und Pflanzenwelt anwenden. Es gibt auch hier für jeden der beiden Aufeinandertreffenden grundsätzlich zwei Möglichkeiten der Interaktion: mit dem anderen kooperieren oder diesen ausnutzen. Ignorieren wäre keine Interaktion und wird daher hier nicht behandelt.
Bei jeder Begegnung ergibt sich für die beiden aufeinandertreffenden Arten entweder ein Vor- oder ein Nachteil. Versucht einer zu kooperieren, der andere aber nicht, hat Ersterer, weil ausgenutzt, einen wesentlichen Nachteil, der nicht Kooperierende einen wesentlichen Vorteil. Kooperieren beide nicht, so ist das Ergebnis für beide gleich. Es ist besser, als ausgenutzt zu werden, aber schlechter als den anderen auszunutzen. Aus diesen Überlegungen heraus ergibt sich schon rein mathematisch, dass, egal was der andere tut, es für den Einzelnen immer besser ist, nicht zu kooperieren. Kooperieren nun aber beide nicht, so kommt das insgesamt schlechteste Ergebnis heraus. Die Mathematik zwingt also gewissermaßen beide Seiten, nicht zu kooperieren, obwohl es zu einem besseren Gesamtergebnis führen würde, wenn beide kooperierten. Und genau hier liegt das Dilemma.
Eine Addition der bei jeder Begegnung erzielten Vor- bzw. Nachteile beider Seiten zeigt deutlich, dass beide besser abschneiden würden, wenn sie immer kooperieren würden. Es ist also langfristig deutlich besser, bei jeder Begegnung mittelmäßig abzuschneiden, statt darauf zu hoffen, manchmal gut und in anderen Fällen extrem schlecht abzuschneiden. Betroffene sind in der Regel überzeugt, es sei besser, nicht zu kooperieren. Aus Sicht des

außenstehenden Betrachters, der – ohne Partei zu ergreifen – einfach nur die Ergebnisse beider Seiten sieht, wäre es allerdings besser, es zu tun.
Wissenschaftler haben internationale Wettkämpfe zwischen Computerprogrammen ausgetragen, in denen die Kontrahenten gegeneinander antreten mussten und für jede Paarung viele einzelne Begegnungen simuliert wurden. Einige der eingesandten Algorithmen waren recht kompliziert und trickreich programmiert, doch stellte sich am Ende des Wettbewerbes heraus, dass ein sehr einfaches Programm das erfolgreichste war. Es war jenes, welches immer genau die Reaktion des Kontrahenten der jeweils letzten Begegnung wählte. Das heißt, wenn der Kontrahent in der letzten Begegnung zum Beispiel kooperierte, kooperierte er im darauf folgenden Zug ebenfalls. Das Programm hieß »Tit for Tat«, was im Englischen so viel wie »Wie du mir, so ich dir« bedeutet.[235, 236]
Diese Strategie ist aber nur dann erfolgreich, wenn nicht im Voraus bekannt ist, wie viele einzelne Begegnungen stattfinden werden, so wie es in der Natur der Fall ist. Wenn man davon ausgehen kann, dass mit großer Wahrscheinlichkeit noch viele Begegnungen mit dem Gegenüber stattfinden werden, ist man besser bedient, zu kooperieren. Das ist logisch, denn wenn ich bei der ersten Begegnung mein Gegenüber ausnutzen würde, würde es sich durch den »Lerneffekt« bei der nächsten Begegnung sicherlich anders verhalten und nicht mehr ausnutzen lassen.
Unter Lerneffekt ist hier nicht ausschließlich kognitive Fähigkeit zu verstehen, sondern auch evolutive Anpassungen bei niederen Tieren oder Bakterien, denn auch hier existieren sehr ausgeprägte Mutualismen und Kommensalismen. Bei einmaligen Begegnungen wird hingegen versucht, den anderen auszunutzen.
Insbesondere in dicht besiedelten komplexen Ökosystemen kam es daher im Verlauf der Evolution zur Ausbildung vieler Kooperationen zwischen unterschiedlichen Arten, ja sogar zwischen Tieren und Pflanzen. Das sind anfangs oft noch Protokooperationen, also gemeinsames Leben zum Vorteil beider, ohne dass die Kooperation zwingend ist. Im weiteren Verlauf der Evolution dieser Symbiose kann es dann schließlich zu Mutualismus führen, einer Form des Zusammenlebens, in der beide Seiten zwingend aufeinander angewiesen sind. Die Kooperation erhöht die biologische Fitness beider Partner. Sie ziehen daraus Vorteile, welche die Überlebenswahrscheinlichkeit erhöhen und damit den Fortbestand der eigenen Gene sichern.[237] Dies können zum

Beispiel zusätzlich erschlossene Futterressourcen, die Erschließung neuer Lebensräume oder ökologischer Nischen oder auch die erfolgreichere Abwehr von Feinden sein. Einige Beispiele haben wir schon im Kapitel über Symbiosen behandelt.

Nun ist es zwar recht einfach zu verstehen, dass eine einmal entwickelte Kooperation, die beiden Seiten Vorteile bietet, evolutiv erfolgreich ist und bestehen kann. Weniger einfach zu verstehen ist, wie sich eine Kooperation im Laufe der Zeit überhaupt entwickeln kann, wenn es mathematisch gesehen – angesichts der vorangegangenen Betrachtungen der Vor- und Nachteile – besser ist, nicht zu kooperieren. Es bedarf Erkennungsmechanismen, um die Reaktion seines Gegenübers im Voraus mit ausreichender Sicherheit abschätzen zu können. Die einfachste Form dieser Erkennungsmechanismen ist Verwandtschaft. Es ist hinlänglich bekannt, dass sich Verwandte häufig gegenseitig unterstützen oder helfen – beim Menschen wie beim Tier. Dies ist die einfachste und sicherlich ursprünglichste Form der Kooperation.

Auch nicht miteinander verwandte Tiere kooperieren, und dies beruht darauf, dass der in die Kooperation investierte Aufwand sich aus der Sicht dessen, der zuerst kooperiert, zu einem späteren Zeitpunkt bezahlt macht. Oft wirkt sich der Vorteil auch ohne diese zeitliche Verzögerung aus und wird sofort wirksam. Individuen, die aufgrund ihrer Bereitschaft zur Kooperation einen guten Ruf besitzen, haben eine größere Chance, dass andere mit ihnen kooperieren, so dass sich daraus für beide Seiten ein Vorteil ergibt. Auf diese Weise können Kooperationen durch natürliche Selektion entstehen.[238] Dass zum Beispiel Putzerfische aktiv versuchen, ihr Image aufzubessern, indem sie besonders eifrig putzen, wenn sie von potenziellen »Kunden« beobachtet werden, erfahren wir im Kapitel über Symbiosen. Dieses auch als Image Scoring bezeichnete Verhalten kann lebensnotwendig sein, denn manchmal werden Putzerfische, wenn sie nicht bereit sind zu putzen, einfach von den potenziellen »Kunden« gefressen – Tit for Tat!

Diverse Mechanismen ermöglichen es Tieren, sehr rasch die Kooperationsbereitschaft des potenziellen Partners einzuschätzen. Dadurch werden Konflikte minimiert und jedes Individuum kann die gewonnene Zeit für andere Aktivitäten nutzen. Das evolutive Entstehen von Symbiosen aufgrund der daraus resultierenden Vorteile für beide Seiten konnte sogar mathematisch bewiesen werden. [237]

*Anemonen-Gespenstkrabbe (Inachus phalangium) in einer Wachsrose (Anemonia sulcata), Mittelmeer (Spanien, Mallorca)*

## Weitere Symbiosen mit Anemonen

In den tropischen Korallenriffen sind einige weitere Arten bekannt, die zumindest zeitweise sehr eng mit Anemonen zusammenleben. Kardinalbarsche der Gattung *Apogon* im Indopazifik halten sich in der Nähe von Anemonen auf, um sich unter den Schutz ihrer Tentakel zu stellen. Lippfische der Gattung *Thalassoma* und die Riffbarsche der Gattung *Dascyllus* verhalten sich ähnlich. Von allen drei Gattungen sind Arten bekannt, welche die Tentakel der Anemone sogar berühren können, ohne getötet zu werden. Unklar ist allerdings, ob sie genesselt werden oder ähnlich wie Anemonenfische einen Mechanismus entwickelt haben, um das Entladen der Nesselkapseln zu unterbinden.[247] Vielleicht sind dies ja genau die Arten, die im Indopazifik den Kampf gegen die Anemonenfische um diese ökologische Nische verloren haben?
Auch aus dem Mittelmeer ist ein Beispiel einer Symbiose zwischen Fisch und Anemone bekannt. Die Anemonengrundel *Gobius bucchichi* hält sich häufig in unmittelbarer Nähe der Wachs-

rose *Anemonia sulcata* auf und kann diese auch berühren, ohne genesselt zu werden. Es handelt sich dabei aber nicht um Mutualismus, sondern um ein fakultatives Zusammenleben. Beide Arten können also auch ohne den Partner überleben.
Ebenfalls mit der Wachsrose vergesellschaftet lebt die Anemonen-Gespenstkrabbe *(Inachus phalangium*, Foto linke Seite). Da diese Symbiose nur für die Krabbe einen Vorteil bietet, handelt es sich hierbei um Kommensalismus.
Die Symbiosen zwischen Fischen und Anemonen sind sehr gute Beispiele, um Prozesse wie Selektion, Mutation und Konkurrenz, wichtige treibende Kräfte der Evolution, besser verstehen zu lernen. Ihre Dynamik wird uns angesichts der Anemonenfische beeindruckend vor Augen geführt, denn unter ihnen gibt es Arten, die bereits immun sind, während andere die Immunität erst erwerben müssen – sei es durch Aufnahme des Schleims von der Anemone oder durch Eigenproduktion. Ebenso zeigt uns der fließende Übergang zwischen Mutualismus und anderen Arten der Symbiose abhängig davon, wo das Tier lebt: Was wir derzeit sehen, ist lediglich eine Momentaufnahme.

## Putzersymbiosen

Putzersymbiosen sind Lebensgemeinschaften, die beiden Partnern Vorteile bieten. Sie sind aber nicht zwingend zum Überleben erforderlich, also ein Beispiel für Protokooperation. Der Putzer hat eine sichere Nahrungsquelle, das geputzte Tier dagegen den Vorteil, dass Parasiten von der Körperoberfläche entfernt werden, die das Tier schwächen und zu Infektionen der Haut führen können. Es sind die unterschiedlichsten Putzersymbiosen bekannt, so etwa die zwischen einem Fisch und einer oder mehreren Garnelen oder die zwischen zwei Fischen.
Letztere ist die wohl bekannteste Art. Meist handelt es sich beim putzenden Fisch um einen Lippfisch, der nur wenige Zentimeter groß wird. Sein Revier ist häufig ein sehr markanter Korallenblock – die Putzerstation. »Kunden« zeigen ihre Bereitschaft an, indem sie deutliche Signale aussenden, wie zum Beispiel eine senkrechte

*Der Pfauenlippfisch Symphodus tinca nimmt diese auffällige Stellung ein, um Putzerfische zum Putzen aufzufordern, Mittelmeer (Kroatien, Istrien)*

Körperhaltung, das Öffnen des Mauls oder das Abspreizen der Kiemendeckel. Das ist für den Lippfisch das Signal, mit dem Putzen zu beginnen. Dabei wird nicht nur die Körperoberfläche gereinigt, sondern, insbesondere bei etwas größeren Fischen wie Zackenbarschen, auch das Maul und die Kiemen. Der Putzerfisch schwimmt dabei auch bis ins Maul seines Kunden, es kann sogar vorkommen, dass er durch die Kiemen schwimmt und beim Kiemendeckel wieder herauskommt.

Bei den Parasiten handelt es sich um Vertreter der Krebstiere, überwiegend um Asseln *(Isopoda)* und deren Larven sowie um Ruderfußkrebse *(Copepoda)*, Flohkrebse *(Amphipoda)* und Muschelkrebse *(Ostracoda)*. Durch zuckende Bewegungen und ruckartiges Schließen und Öffnen des Mauls zeigt der geputzte Fisch schließlich an, dass er genug hat.

Das Leben an einer Putzerstation erinnert den Beobachter in gewisser Weise an eine Tankstelle: Es herrscht ein ständiges Kommen und Gehen von Kundschaft. Wenn gerade »besetzt« ist, stellt man sich hinten an, bis man an der Reihe ist. Einzelne Fische eines vorüberziehenden Fischschwarms brechen aus ihrer Gruppe aus, lassen sich reinigen und schließen sich den anderen wieder an – ähnlich einer Raststation an der Autobahn.

Wie kommt es, dass Putzerfische nicht gefressen werden – von Betrügern sozusagen, die vorgeben, geputzt werden zu wollen und dann hinterlistig zuschlagen? Nichts wäre doch einfacher! Nun, der Vorteil für einen solchen Betrüger wäre sehr gering und von kurzer Dauer, denn schon bald wären alle Putzerfische aufgefressen und die Mühe, sich auf das Fressen der Putzerfische spezialisiert zu haben, wäre umsonst gewesen. Der Nachteil würde den Vorteil bei weitem übertreffen. Ohne Putzerfische jede Menge Hautparasiten, was ohne Zweifel einen lebenslangen, erheblichen Nachteil mit sich bringt. Es ist also eine einfache Kosten-Nutzen-Rechnung der Natur, die dieses Gleichgewicht aufrechterhält.

In Feldversuchen am australischen Great Barrier Reef konnte nachgewiesen werden, dass bestimmte Fischarten einen etwa viermal höheren Parasitenbefall durch Asseln der Unterordnung *Gnathiidea* aufweisen, wenn keine Putzerfische vorhanden sind.[250]

*Linke Seite: Putzersymbiosen mit dem Lippfisch Labroides dimidiatus. Oben ein noch schwarz-blau gefärbtes Jungtier mit einer Riesenmuräne (Gymnothorax javanicus), Indischer Ozean (Malediven, Ari Atoll). Unten ein adultes Tier mit Fahnenbarsch (Anthias sp.), Rotes Meer (Ägypten, El Quseir).*

**Serviceorientiert** Putzerfische sind immer bemüht, ihre Kundschaft bestmöglich zu bedienen

Um zu verhindern, dass der Putzerlippfisch nicht nur die Fischparasiten entfernt, sondern auch den für ihn offenbar ebenso schmackhaften wie nahrhaften Hautschleim seiner Kunden frisst, hat die Natur beziehungsweise die Evolution interessante Strategien hervorgebracht: Potenzielle Kunden von Putzerstationen beobachten sehr genau das Verhalten der Putzerfische und entscheiden sich für den, der sich am kooperativsten verhält. Der Putzerfisch wiederum gibt sich während des Putzens mehr Mühe, wenn weitere potenzielle Kunden anwesend sind und ihn dabei beobachten. In der Verhaltensbiologie nennt man dieses Verhalten Image Scoring. Der Putzerfisch bemüht sich also, sein Image bei anderen durch ein bestimmtes Verhalten zu verbessern. Anhand von Fisch-Attrappen konnte nachgewiesen werden, dass Putzerfische sogar weniger attraktive Nahrung akzeptieren, wenn dies in höherer Kundenfrequenz resultiert.[251, 252]

Nicht alle Putzerfische ernähren sich ständig von Parasiten. Vom Putzerlippfisch *Labroides dimidiatus*, aber auch von einigen Putzergrundeln ist bekannt, dass sie sich entsprechend ihrem Lebensraum auch auf herkömmliche Weise von nicht-parasitischen Kleinkrebsen ernähren, unter anderem dann, wenn die Kundschaft an der Putzerstation ausbleibt oder die Kunden nur geringfügig von Parasiten befallen sind. Auch wenn alle markanten Stellen wie große flache Korallenstöcke der Gattung *Acropora*, die als Putzerstation in Frage kommen, von Konkurrenten besetzt sind, wird auf konventionelle Ernährung umgeschaltet.[253]
Wenn Fische von Parasiten befallen werden, dann in der Regel nachts. Dann kommen viele der tagsüber im Bodengrund versteckt lebenden Kleinkrebse ins freie Wasser, um schlafende Fische zu befallen. Ähnlich wie ein Schwarm Stechmücken an Land fallen die Parasiten über ihre Opfer her. Wenn diese nicht flüchten können oder keine Abwehrstrategien entwickelt haben, kommen sie während einer einzigen Nacht zu Tode.[254]
Ein Bewohner des Korallenriffs hat sich die Putzersymbiose zunutze gemacht, um auf andere Weise zu Nahrung zu kommen: Der Säbelzahnschleimfisch *(Aspidontus taeniatus)* ahmt den Putzerlippfisch auf nahezu unglaubliche Art und Weise nach. Er sieht – nicht nur für das menschliche Auge – dem harmlosen

Putzerfisch sowohl in Form und Farbe als auch im Schwimmverhalten zum Verwechseln ähnlich. Auch potenzielle Kunden an Putzerstationen lassen sich täuschen. Dadurch kann sich der Schleimfisch seinem ahnungslosen Opfer nähern, ohne entlarvt zu werden. Dann aber kommt die große Überraschung. Der Säbelzahnschleimfisch beißt seinem Opfer mit seinen scharfen Zähnen ein Stück Haut, Flosse oder Gewebe ab und das betroffene Tier ergreift üblicherweise überrascht die Flucht. In der Biologie nennt man das Vortäuschen, jemand anderer zu sein, Mimikry. Dies kann, wie in diesem Beispiel, ein räuberisch lebendes Tier sein, das ein harmloses Tier nachahmt (»Wolf im Schafspelz«), aber es gibt auch Fälle, in denen die Situation genau umgekehrt ist.

*Eidechsenfisch mit juvenilem Putzerfisch Labroides dimidiatus an einer Putzerstation, Rotes Meer (Ägypten, Marsa Alam)*

Langfristig kann sich ein »Wolf im Schafspelz« wie der Säbelzahnschleimfisch in einem Ökosystem jedoch nur durchsetzen beziehungsweise seine Art am Leben erhalten, wenn er im Vergleich zu seinem Original nicht zu häufig vorkommt. Wenn die zu putzenden Fische zu häufig auf diesen üblen Trick hereinfielen, würden sie sehr rasch aus Erfahrung lernen und keine Putzerstationen mehr aufsuchen. Der Vorteil, gereinigt zu werden, würde den Nachteil häufiger Verletzungen durch Säbelzahnschleimfische nicht kompensieren. Der Räuber hätte sich seiner eigenen Nahrungsquelle beraubt und die zu putzenden

*Auch der Piano-Säbelzahnschleimfisch (Plagiotremus tapeinosoma) ernährt sich von Fisch-Schuppen (siehe Text), Rotes Meer (Ägypten, Marsa Alam)*

*Rechts: Adulte Meerjunker (Coris julis). Die Jungtiere dieser Art sind als Putzerfische aktiv, oben Männchen, unten Weibchen. Mittelmeer (Kroatien, Istrien bzw. Insel Pag).*

Fische würden mehr und mehr von Parasiten befallen werden – ein Nachteil für beide.

Der Blaue Säbelzahnschleimfisch *(Plagiotremus rhinorhynchos)* ist in der Lage, abhängig von seinen Bedürfnissen beziehungsweise seiner Umwelt, binnen weniger Minuten seine Färbung zu wechseln (sogenannte fakultative Mimikry). In der Nähe des Putzerlippfisches *Labroides dimidiatus* nimmt er die Mimikry-Färbung an. Sonst färbt er sich gelb und kann sich so sehr gut Fahnenbarsch-Schwärmen *(Anthias sp.)* anschließen, um dort sein Unwesen zu treiben.[255]

Auch im Mittelmeer gibt es Putzerfische, was relativ unbekannt ist. Sie zählen wie ihre tropischen Verwandten zur Familie der Lippfische *(Labridae)*. Einige Arten, wie etwa der Meerjunker *Coris julis*, sind nur im juvenilen Stadium als Putzer tätig. Vom Schwarzschwanz-Lippfisch *Centrolabrus melanocercus* weiß man, dass er auch als Adulttier als Putzer aktiv ist.[256] Putzkunden im Mittelmeer sind häufig Brassen der Gattung *Diplodus*, Goldstriemen *(Sarpa Salpa)* und Lippfische *(Symphodus spp.)*.

*Einsiedlerkrebs mit Anemone, Mittelmeer (Kroatien, Insel Hvar)*

## Einsiedlerkrebse

Ein weiteres Beispiel einer Symbiose ist das Zusammenleben zwischen Einsiedlerkrebs und Anemone. Die Symbiose beginnt mit einer gemeinsamen Anstrengung beider Arten, die eine faszinierende Zusammenarbeit zwischen zwei wirbellosen Tieren darstellt: Der Krebs nimmt mit seinen Scheren Kontakt mit der Anemone auf und diese hilft dann tatkräftig beim »Aufsteigen« auf die Schneckenschale des Krebses mit. Der Krebs würde dieses schwierige Unterfangen sicherlich nicht allein schaffen.[246] Der Krebs wird durch die nesselnden Tentakel der Anemone vor Feinden geschützt, die Anemone hingegen profitiert vom Krebs, weil sie stets kleine Stücke von seiner Beute abbekommt. Die leere Schneckenschale ist für den Krebs übrigens lebensnotwendig, da der Hinterleib des Tieres sehr weich und ungeschützt ist. Nur selten verlässt er den Schutz seines Gehäuses, nämlich nur dann, wenn es ihm zu klein wird und er eine alternative Schale gefunden hat. Mit etwas Geduld kann man dies

**Räuberleiter** für Anemonen

*Großer Einsiedlerkrebs (Dardanus arrosor) mit mehreren Schmarotzerrosen (Calliactis parasitica), Mittelmeer (Spanien, Ibiza). Der Name der Anemonen trügt, denn sie sind weder Schmarotzer noch Parasiten, sondern leben mit dem Krebs in kommensalischer Symbiose.*

übrigens auch provozieren, indem man einem Einsiedlerkrebs verschiedene leere Schneckenschalen zur Verfügung stellt. Man kann dann beobachten, wie der Krebs zuerst die Schalen mit seinen Antennen und Beinen abtastet, um zu prüfen, ob sie leer sind. Dann schlüpft er schnell mit seinem Hinterleib ins neue Heim – und wenn es nicht passen sollte, wieder zurück in seine alte Schale.

Der Kleine Bärenkrebs *(Scyllarus arctus)* hat wie die meisten Krebse einen sehr dicken Panzer aus Chitin und benötigt daher im Vergleich zu den Einsiedlerkrebsen keine schützende Schneckenschale. Da Krebse ein Außenskelett haben, müssen sie, um wachsen zu können, dieses in regelmäßigen Zeitabständen abwerfen.
Bis der Krebs seinen schützenden Panzer wieder nachgebildet hat, lebt er als sogenannter Butterkrebs versteckt, um sich vor Feinden zu schützen. Krebse wachsen also nicht kontinuierlich, sondern in Schüben.

*Kleiner Bärenkrebs (Scyllarus arctus), Mittelmeer (Kroatien, Istrien)*

## Es war Notwehr!

Es geschah im August 2011 bei einem Tauchgang mit meinen Eltern im Roten Meer. Die Sicht war nicht besonders gut und ich war gerade dabei, eine Nahaufnahme an einer großen Tischkoralle zu schießen. Leider – oder vermutlich besser zum Glück – konnte ich mein Vorhaben nicht zu Ende bringen. Denn plötzlich hörte ich etwas, das wie Warnrufe klang. Ich drehte mich um und sah meine Mutter, die wild gestikulierend unverständlich durch ihren Atemregler schrie.
Der Grund für ihre Aufregung war ein Riesen-Drückerfisch *(Balistoides viridescens)*, der sich in leichter Schräglage näherte. Er sah überhaupt nicht freundlich drein. Ein gezielter Flossenschlag meinerseits in seine Richtung konnte ihn nicht von seinem Ziel ablenken. Er näherte sich beharrlich, die Augen hin und her drehend, das Maul halb geöffnet. Wohl wissend, dass diese Tiere in der Laichzeit ihr Revier über dem Sandgrund höchst aggressiv verteidigen und schon so mancher Taucher böse Bisswunden oder zerbissene Flossen davongetragen hat, wurde mir etwas mulmig.
Doch zum Nachdenken war keine Zeit, für einen kontrollierten Rückzug auch nicht. Meine schwere Unterwasser-Fotoausrüstung, die ich ihm entgegenhielt, beeindruckte ihn ebenso wenig wie zuvor meine Flosse. Also entschloss ich mich, die Hebelwirkung des langen Blitzarmes zu gebrauchen, um das aggressive Tier endgültig abzuwehren. Der Einschlag meines schweren Aluminium-Unterwasserblitzes auf dem Kopf des Fisches war ihm dann doch zu viel. Schließlich suchte er das Weite.
Unter Tauchern gilt überall auf der Welt die Regel: Nichts anfassen, Abstand halten, möglichst keine Interaktionen mit der Unterwasserwelt. Als Biologe, der die Umwelt respektiert und diese Regeln im Allgemeinen beachtet, kann ich dazu nur sagen: Entschuldigung, aber es war Notwehr. So haben in diesem Fall mütterliche Instinkte und ein schwerer Unterwasserblitz das Schlimmste verhindert. Lapidarer Kommentar in meinem Taucherlogbuch: »Schlechte Sicht. Drückerfisch-Attacke.«

# Mimese und Mimikry – Tarnen und Täuschen

Unter Mimese versteht man das Nachahmen von lebenden oder unbelebten Strukturen der Umwelt, um sich dadurch zu tarnen. Man findet Mimese oft unter wenig wehrhaften Tieren, aber auch bei Tieren, die sich nur langsam fortbewegen können und daher vor Fressfeinden nicht flüchten oder ihrer Nahrung nicht schnell genug nachstellen können.

Die Malediven-Schwammschnecke *(Coriocella hibyae)* ist ein Beispiel aus dem Korallenriff. Sie sieht einem Schwamm derart ähnlich, dass es einem Laien nahezu unmöglich ist, dieses Tier als Schnecke zu erkennen. Sogar die Ein- und Ausströmöffnungen des Schwamms werden durch eine entsprechende Körperzeichnung imitiert.

*Malediven-Schwammschnecke (Coriocella hibyae), Indischer Ozean (Malediven, Ari Atoll)*

*Die Goldschwamm-schnecke Tylodina perversa bei der Nahrungsaufnahme auf dem Schwamm Aplysina, Mittelmeer (Kroatien, Istrien)*

Einige weitere Beispiele haben wir bereits kennengelernt. Wie die Nacktschnecken, die Farbpigmente aus ihrer Nahrung aufnehmen und in den Körper einlagern, um die gleiche Farbe anzunehmen wie die Nahrungsquelle, auf der sie sich bevorzugt aufhalten. Dies ist unter anderem bei der Goldschwammschnecke *Tylodina perversa* der Fall, die am Goldschwamm *Aplysina aerophoba* frisst und deren Körper die gleiche Farbe wie der Schwamm aufweist (siehe Foto oben und Seite 48). Die Warzenschnecke *Phyllidia flava* frisst am Schwamm der Gattung *Axinella* und nimmt dessen orange-rote Färbung an (siehe Foto Seite 43).

Auch die auffällig gefärbten Korallenfische können sich sehr gut tarnen. Wenn ihre Farben Komplementärfarben sind, verschwimmen diese in einiger Entfernung zu einem unscheinbaren Grau. Andere Fische wiederum haben lange Körperanhänge, die wie Algen aussehen und zu Tarnung verhelfen. Die Natur hat hier viele Wege gefunden.

Noch ein schönes Beispiel für Mimese sind die Geisterpfeifenfische. Sie sind mit den Seenadeln und den Seepferdchen verwandt, die wir bereits in einem vorangegangenen Kapitel kennengelernt haben. Sie alle zählen zur Ordnung der Seenadelartigen *(Syngnathiformes)*. Es sind nur einige wenige Geisterpfeifenfisch-Arten bekannt und sie kommen ausnahmslos in tropischen Gewässern vor. Die Tarnung ist in Form und Farbe derart perfektioniert, dass man die Tiere meist selbst dann nicht sofort erkennt, wenn man sie direkt im Blickfeld hat. Hinzu kommt, dass die optische Tarnung noch durch ein entsprechendes Verhalten unterstützt wird: Sie passen sich in ihrer Bewegung der jeweils herrschenden Dünung an und stehen dabei häufig kopfüber nahe oder direkt in ihrem Versteck – das sind häufig Haarsterne oder Algen der Gattung *Opuntia*. Wie auch Seepferdchen sind Geisterpfeifenfische meist sehr standorttreu. Doch selbst wenn man von vorangegangenen Tauchgängen weiß, dass sich in einem bestimmten Haarstern ein Geisterpfeifenfisch

*Der Geisterpfeifenfisch (Solenostomus halimeda) ist ein tolles Beispiel für perfekte Mimese – er gleicht der namensgebenden Grünalge der Gattung Halimeda, Indischer Ozean (Indonesien, Bali)*

versteckt hält, muss man oft eine Weile lang suchen, um das Tier zu entdecken. Geisterpfeifenfische können sich innerhalb weniger Stunden verfärben und sich auf diese Weise bei einem Standortwechsel der Farbe ihres Untergrundes rasch anpassen.[257]

Als Mimikry wird das Imitieren einer anderen Art in Farbe, Form oder Verhalten bezeichnet, um dadurch den Feind oder das Opfer zu täuschen und sich nicht als potenzieller Angreifer zu erkennen zu geben. Man könnte die entsprechende Art daher auch als »Wolf im Schafspelz« oder aber auch als »Schaf im Wolfspelz« bezeichnen.

Im Kapitel über Symbiosen haben wir den Blauen Säbelzahnschleimfisch *(Aspidontus taeniatus)* kennengelernt, der dem Putzerlippfisch *(Labroides dimidiatus)* verblüffend ähnlich sieht. In der Gruppe der Säbelzahnschleimfische gibt es im Roten Meer und im Pazifik gleich mehrere ungiftige Gattungen, die den giftigen *Meiacanthus*-Arten ähneln, deren Unterkiefer Giftdrüsen enthalten. Die Ähnlichkeit schützt auch die ungiftigen Gattungen vor Fressfeinden.[258]

Ein besonders skurriles Beispiel für Mimikry ist der räuberische Skorpionfisch *Iracundus signifer* des Indopazifiks, dessen Rückenflosse einem Fisch ähnelt. Dabei wird nicht nur das Auge in Form eines dunklen Flecks in der Rückenflosse nachgebildet, sondern sogar die Mundspalte sowie ein verlängerter Rückenflossenstrahl. Und damit es noch realistischer aussieht, werden einzelne Rückenflossenstrahlen des Skorpionfisches so geschickt bewegt, dass sogar die Atembewegungen des »falschen Fisches« nachgebildet werden.[258]

Dass im Korallenriff die Jungfische oft völlig anders gefärbt sind als die ausgewachsenen Tiere und auf diese Weise die innerartliche Aggression reduziert wird, haben wir bereits im Kapitel über Korallenfische erfahren. Einige tropische Vertreter der Lippfische ähneln im Juvenilstadium farblich stark den Anemonenfischen. Da sich Anemonenfische bei Gefahr sehr schnell in ihre schützende Anemone zurückziehen, erscheinen sie Räubern als wenig attraktive Beute. Davon profitieren die ähnlich gefärbten Lippfische, denn potenzielle Räuber legen ihr Augenmerk auf andere Arten.[259]

*Linke Seite: Geisterpfeifenfische Solenostomus paradoxus, jeweils an die Farbe ihres Verstecks angepasst. Das schwarze Tier hat sich mit dem Rücken nach unten gedreht, Indischer Ozean (Indonesien, Bali)*

Vergleichbar als Überlebensstrategie ist die unterschiedliche Färbung von Jungtieren bei Zackenbarschen, unter anderem bei der Gattung *Mycteroperca*, die in Farbe und Form der Putzerlippfischart *Thalassoma bifasciatum* sehr stark ähneln. Durch diese Form von Mimikry profitieren die Jungtiere des Zackenbarsches gleich in doppelter Weise: Als »Wolf im Schafspelz« wird der Jungfisch von seinen Beutetieren nicht erkannt, gleichzeitig genießt er die »Narrenfreiheit« von echten Putzerfischen, die üblicherweise nicht von anderen Fischen gefressen werden.[258]
Der Rotmaul-Zackenbarsch *(Aethaloperca rogaa)* sieht als Jungfisch einigen friedlichen Zwergkaiserfischen sehr ähnlich und kann sich daher seinen ahnungslosen Opfern nähern, ohne dass diese flüchten. Sobald er die maximale Größe seines Vorbildes erreicht hat, beginnt er sich allmählich umzufärben und nimmt die endgültige Farbe und Zeichnung der ausgewachsenen Vertreter seiner Art an.[260] So verhalten sich auch juvenile Juwelen-Zackenbarsche aus der Karibik sowie juvenile Schnapper, die sich unter Schulen von Riffbarschen der Gattung *Chromis* mischen.[261, 262] Man bezeichnet das auch als aggressive Mimikry und vermutlich gibt es eine unglaubliche Fülle weiterer Beispiele unter Korallenfischen, die nur auf ihre Entdeckung warten.

Ein weiteres interessantes Beispiel für Mimikry: Jungfische einer Art mischen sich oft unter einen Schwarm einer anderen und nutzen so während des Heranwachsens den Schutz des Schwarms für sich (schwarmorientierte Mimikry; engl.: *school-oriented mimicry*). Diese Art der Mimikry ist recht häufig. Ein Schleimfisch der bereits erwähnten Gattung *Meiacanthus* mischt sich unter Schwärme von Kardinalfischen und der Schleimfisch *Ecsenius midas* nutzt den Schutz des sehr ähnlich aussehenden Fahnenbarsches *Pseudanthias squamipinnis*.[263]

Die evolutive Entstehung von Mimikry ist faszinierend: Nehmen wir einmal an, dass eine harmlose Korallenfischart einer anderen, giftigen oder auf andere Weise wehrhaften Art ganz leicht ähnelt. Durch die Ähnlichkeit – sei es in Farbe, Form oder der Art der Fortbewegung – unterliegt auch die harmlose Art einem minimal geringeren Selektionsdruck durch Feinde und hat da-

durch eine leicht erhöhte Überlebensrate. Da nun aber innerhalb jeder Art immer geringfügige Variationen in Form, Farbe usw. existieren, haben Individuen der harmlosen Art, die ihrem »Vorbild« am ähnlichsten sind, den größten Vorteil. Mit dem dadurch erhöhten Fortpflanzungserfolg vermehren sich genau diese Individuen einer Art stärker. Nach vielen Generationen sehen sich die beiden nicht miteinander verwandten Arten schließlich zum Verwechseln ähnlich – und die treibende Kraft dafür waren die Feinde der harmlosen Art.[264]

*Der Gestreifte Schleimfisch (Parablennius gattorugine) ist mit seinen schwarz-braunen Streifen, der Marmorierung und den Augententakeln bestens getarnt, da er sich gerne im Bereich von Braunalgenfeldern (Cystoseira sp.) aufhält, Mittelmeer (Kroatien, Insel Plavnik)*

# Meeresschildkröten

Die zu den Reptilien zählenden Meeresschildkröten sind mit insgesamt sieben Arten in den Weltmeeren vertreten. Es handelt sich um eine stammesgeschichtlich sehr alte Tiergruppe, die von den noch älteren Landschildkröten abstammt und vor etwa 110 Millionen Jahren die damaligen Weltmeere besiedelte.[265] Schildkröten existierten somit bereits im Zeitalter der Dinosaurier und haben deren Aussterben überlebt.

Die größte Art ist die Lederschildkröte *(Dermochelys coriacea)*. Sie ist mit einer Länge von bis zu zwei Metern und einem Gewicht von knapp 1000 kg eins der größten lebenden Reptilien. Meeresschildkröten sind obligatorische Luftatmer und müssen daher regelmäßig an die Wasseroberfläche. Die Häufigkeit, mit der die Tiere zum Atmen auftauchen, hängt von ihrer Aktivität ab. Während der Nacht können sie mehrere Stunden an ihren Schlafplätzen unter Korallenstöcken oder in Höhlen verweilen. Bei ihren Tauchgängen erreichen Meeresschildkröten beachtliche Tiefen, allen voran die Lederschildkröte mit einer Tiefe von bis zu 1000 Metern.

*Die Echte Karettschildkröte (Eretmochelys imbricata), unten bei der Nahrungsaufnahme, ernährt sich ausschließlich von Schwämmen*

*Links: Indischer Ozean (Malediven, Ari Atoll)*
*Unten: Rotes Meer (Ägypten, El Quseir)*

Im Mittelmeer kommen drei der sieben Arten regelmäßig vor. Zwei von ihnen brüten auch dort, nämlich die Unechte Karettschildkröte *(Caretta caretta)* sowie die Grüne Meeresschildkröte *(Chelonia mydas)*, auch Suppenschildkröte genannt. Brutgebiete von *Caretta caretta* gibt es nach neuesten Untersuchungen nicht nur wie bislang bekannt im östlichen Mittelmeer (Griechenland, Türkei, Zypern, Israel), sondern auch in Tunesien und im Süden Italiens (Kalabrien).[266] Zwei weitere Arten findet man sporadisch als Gast im Mittelmeer.[267, 268]

Einige Arten der Meeresschildkröten sind Nahrungsspezialisten, sie haben sich also auf eine ganz bestimmte Nahrungsquelle spezialisiert. So frisst zum Beispiel die Echte Karettschildkröte ausschließlich Schwämme.[269] Da Schwämme und Korallen im Korallenriff um Substrat konkurrieren, spielt die Karettschildkröte vermutlich eine wesentliche Rolle in der Aufrechterhaltung des Artengleichgewichts und der Biodiversität im Korallenriff. Schwämme ernähren sich durch Filtrieren von Planktonorganismen aus dem Wasser und so liegt es auf der Hand, dass sich Umwelteinflüsse, die einen Einfluss auf das Artenspektrum im Riff haben, auch auf die Karettschildkröte auswirken. Als Nahrungsspezialist ist sie daher in unseren anthropogen stark beeinflussten Weltmeeren möglicherweise langfristig im Nachteil. Vor allem, dass die Karettschildkröte vielerorts wegen ihres Panzers für die Modeindustrie (Schildpatt) gejagt wird, hat dazu geführt, dass sie seit 1968 auf der Roten Liste der IUCN als kritisch gefährdet *(critically endangered)* eingestuft ist.[270] In naher Zukunft besteht die akute Gefahr, dass diese Art ausstirbt.

Meeresschildkröten haben die faszinierende Fähigkeit, sich am Erdmagnetfeld zu orientieren. Mit zunehmendem Alter der Tiere und durch entsprechende Erfahrung und Übung nimmt die Komplexität des Orientierungssinns noch zu. Bei der Grünen Meeresschildkröte zum Beispiel beruht er zumindest teilweise auf der Wahrnehmung der feinen Unterschiede im geomagnetischen Feld. Wahrscheinlich werden für die Navigation noch weitere Faktoren herangezogen, wie etwa der Stand der Sonne sowie die Morphologie und der Verlauf der Küstenlinie. Auf diese Weise finden sie immer wieder zur Eiablage zu ihren Geburtsstränden zurück.[271, 272]

Eine Population der Grünen Meeresschildkröte brütet auf der südatlantischen Insel Ascension. Jahr für Jahr zur Eiablage treten die Schildkröten eine lange Reise vom südamerikanischen Brasilien zu ihrer Insel an, die zwischen Südamerika und Afrika mitten im Atlantik liegt. Wie finden die Tiere diese kleine Insel mit einem Durchmesser von nur wenigen Kilometern, obwohl es kaum Anhaltspunkte für eine Orientierung gibt? Man nimmt an, dass die Vorfahren der Grünen Meeresschildkröte, deren fossile Überreste in den betroffenen Regionen gefunden wurden, schon immer im Atlantik gebrütet haben. Vor etwa 100 Millionen Jahren waren die Kontinente Südamerika und Afrika aber noch fast miteinander verbunden und die Reise in die Brutgebiete damit nur sehr kurz. Im Laufe der Jahrmillionen sind durch die Kontinentaldrift Afrika und Südamerika immer weiter auseinandergewandert – etwa zwei Zentimeter pro Jahr – und der Weg verlängerte sich zunehmend.

Meeresschildkröten sind Meister der Navigation

Wahrscheinlich orientieren sich die Schildkröten während der Reise am Sonnenstand, sie schwimmen bei Sonnenaufgang immer genau der Sonne entgegen. Allerdings ändert sich der morgendliche Sonnenstand während der vermutlich achtwöchigen Reise aufgrund der sich ändernden Jahreszeit. Der Weg führt also nicht geradlinig, sondern in einem weiten Bogen von der Nordküste Brasiliens aufs offene Meer, genau in Richtung der Insel.

Um zu verhindern, dass aufgrund sich minimal ändernder Strömungs- und Windverhältnisse die Insel verfehlt wird, machen sich die Tiere ein weiteres Hilfsmittel zunutze, den Äquatorialstrom nämlich, der immer in Richtung Westen strömt und dabei lösliche Materialien von der Insel transportiert. Die Schildkröten nutzen ihren Geruchsinn, um dieses chemische Signal auf geniale Weise zu nutzen. Sie verwenden es gleichsam analog einem Leitstrahl für ein Flugzeug, um genau auf die Insel zuzusteuern. Aber wieso brüten sie an einem derart abgelegenen Ort? Zweifellos muss es Vorteile haben, welche die Nachteile der langen Reise aufheben. Sie sind schnell gefunden: Während es an den Küsten der Kontinente Tiere wie Ratten, Coyoten und ähnli-

*Seite 188–189:*
*Grüne Meeresschildkröte (Chelonia mydas), Rotes Meer (Ägypten, Marsa Alam)*

che Feinde von Jungtieren und Eiern gibt, existieren derartige Nesträuber auf der Insel Ascension aufgrund ihrer Abgelegenheit nicht. Nesträuber meiden die starke Brandung an Inseln, die im offenen Ozean liegen, wodurch die Strände meistens sehr gut für die Eiablage geeignet sind.[273]

Nach unterschiedlich weiten Wanderungen, die mehrere Tausend Kilometer betragen können, kehren die weiblichen Meeresschildkröten zur Eiablage an den Strand zurück, an dem sie selbst zur Welt gekommen sind (Philopatrie). Sie graben in mühsamer Arbeit Löcher in den Sand, in die sie die Eier ablegen. Nach der Ablage werden die Eier mit Sand bedeckt und die Tiere kehren zurück ins Wasser. Innerhalb von 45 bis 70 Tagen – je nach Temperatur – schlüpfen die Jungtiere. Damit möglichst viele von ihnen überleben, schlüpfen alle Tiere innerhalb eines Nestes zur selben Zeit. Das erleichtert einerseits das Erreichen der Sandoberfläche, andererseits wird damit sichergestellt, dass nicht alle Jungtiere auf dem besonders gefährlichen Weg zum Wasser von Räubern wie Vögeln, Krabben, Bären oder anderen Feinden gefressen werden können.

Doch woher wissen die frisch geschlüpften Schildkröten, welche Richtung einzuschlagen ist, um möglichst rasch das Wasser zu erreichen? Die Tiere orientieren sich unter anderem am Himmel, der über dem Meer geringfügig heller ist als über dem Festland. Weitere Orientierungshilfen stellen das Ufergefälle Richtung Wasser sowie Brandungsgeräusche dar. Das macht deutlich, wie sehr scheinbar unwichtige Einflüsse der Zivilisation wie Straßenbeleuchtung in Strandnähe oder laute Geräusche die Überlebensrate der fast ausschließlich nachts schlüpfenden Meeresschildkröten negativ beeinflussen können.

Die Geschlechtsentwicklung der Tiere ist abhängig von der Temperatur im Nest.[274, 275] Schildkröten fehlen Geschlechtschromosomen, wie sie vom Menschen und anderen Wirbeltieren bekannt sind. Die entscheidende Phase dafür, ob aus einem Ei ein weibliches oder ein männliches Tier schlüpft, ist das mittlere Drittel der Brutphase. Bei hohen Temperaturen entwickeln sich aus den Eiern weibliche Tiere, bei niedrigen männliche. Da durch die Eigenwärme der Eier auch innerhalb eines Nestes Temperaturunterschiede herrschen, entstehen aus den Eiern

im Zentrum vermehrt Weibchen, aus jenen an der Peripherie eher Männchen. Die Klimaerwärmung könnte sich durch eine Verschiebung des Geschlechterverhältnisses negativ auf die Bestände der Schildkröten auswirken.

Echte Karettschildkröte (Eretmochelys imbricata), Indischer Ozean (Malediven, Ari Atoll)

Durch die intensive Nutzung der Strände durch den Tourismus, durch grausames Abschlachten der hilflosen Tiere für die Industrie sowie durch die Meeresverschmutzung sind mittlerweile einige Arten vom Aussterben bedroht. Es gibt zwar bereits einige umfangreiche Schutzprogramme, die aber nur bedingt wirksam werden können, weil Schildkröten sich im Zuge ihrer ausgeprägten Wanderungen über die Grenzen der per Gesetz Schutz bietenden Länder hinausbewegen. Diese Problematik gilt für alle »weit reisenden« Tiere, im Kapitel über die Walhaie wurde es bereits erwähnt. Durch Peilsender-Markierungen von Vertretern der Unechten Karettschildkröte *(Caretta caretta)*, die auf der griechischen Insel Zakynthos brütet, hat man deren Wanderungen nachverfolgt. So konnte herausgefunden werden, dass ein Teil der Tiere den Herbst und den Winter in der nördlichen Adria, ein anderer Teil an der Küste Nordafrikas verbringt. Sie legen dabei Strecken von über 1000 Kilometern zurück.[276]

Für einen effektiven Schutz der Tiere müssen langfristig geltende Schutzprogramme eingerichtet werden. Da einige Arten erst in sehr hohem Alter in der Lage sind, Eier zu legen – die Grüne Meeresschildkröte erst mit etwa 35 Jahren[277] – kann es sehr lange dauern, bis sich die Wirkung von Schutzprogrammen auf die Zahl der Individuen auswirkt. Wichtig für den Schutz der Meeresschildkröten ist außerdem, dass verhindert wird, dass sie als Beifang in Netzen enden. Das könnte durch Schutzzonen, die auch die Wanderrouten der Schildkröten berücksichtigen, erreicht werden.

*Großer Tümmler (Tursiops truncatus), Rotes Meer (Ägypten, El Quseir)*

# Wale und Delfine

Die Klasse der Säugetiere ist aus evolutionsbiologischer Sicht noch recht jung. Sie konnte sich erst nach dem großen Massensterben der Dinosaurier vor ungefähr 60 Millionen Jahren mit großem Erfolg etablieren, als viele bis dahin von den urzeitlichen Riesen besetzte ökologische Nischen frei wurden.
Die Ordnung der Wale *(Cetacea)* ist mit den Huftieren verwandt und begann bereits vor etwa 50 Millionen Jahren, die Meere von Land aus zu besiedeln. Sie gliedert sich in die Unterordnungen der Bartenwale und der Zahnwale. Zu Letzteren zählen unter anderem auch die Delfine. Die Delfine bilden also eine systematische Untereinheit innerhalb der Wale und es ist nicht falsch, sondern lediglich nicht üblich, einen Delfin als Wal zu bezeichnen.
Wale und Delfine sind bekanntlich in der Lage, sich mittels Echoortung ein Bild ihrer Umgebung zu machen. So sind sie auch in trübem Wasser in der Lage, ihr belebtes und unbelebtes Umfeld wahrzunehmen. Die Echoortung wird auch zum Auffinden von Beutetieren eingesetzt. Das Organ, das die Echowellen aussendet, ist die Melone. Sie liegt im Bereich des Kopfes und ist ein Grund für die bei vielen Walen und Delfinen abgerundete Kopfform.
Wale und Delfine sind dafür bekannt, über hochfrequente, sehr energiereiche Schallwellen zu kommunizieren. Die Wellen werden in Form von Klick- oder Pfeifgeräuschen ausgesandt. Beim Großen Tümmler *(Tursiops truncatus)* können sie unter idealen Bedingungen auch noch aus einer Entfernung von mehreren Kilometern wahrgenommen werden und sind damit eine wesentliche Eigenschaft für die Etablierung des ausgesprochen hoch entwickelten Sozialverhaltens dieser Ordnung.[278, 279] Vom sehr niederfrequenten Gesang der Wale nimmt man an, dass er über noch viel größere Strecken zu hören ist – der des Finnwals *(Balaenoptera physalus)* vermutlich über viele Hunderte oder gar Tausende Kilometer.

**Walgesang** klingt nicht nur schön, sondern ist auch gut zu hören – über Hunderte Kilometer

Die Schallausbreitung über derartig große Entfernungen wird unter anderem durch eine höchst interessante physikalische Charakteristik des Schalls ermöglicht: Die Ausbreitungsgeschwindigkeit des Schalls nimmt mit abnehmender Wassertemperatur, also mit zunehmender Tiefe, ab. Andererseits nimmt sie mit zunehmendem Druck (und daher ebenfalls mit zunehmender Tiefe) zu. In einer bestimmten Wassertiefe – in der Regel zwischen 1000 und 1500 Metern – gibt es daher einen Bereich mit der schnellsten Ausbreitungsgeschwindigkeit des Schalls. Nach dem physikalischen Gesetz der Brechung führt das dazu, dass alle Geräusche, die innerhalb eines bestimmten Winkels zu dieser horizontalen Zone maximaler Ausbreitungsgeschwindigkeit abgegeben werden, in dieser Zone »eingefangen« und horizontal weitergeleitet werden. Die Lautstärke einer Schallwelle nimmt in dieser Zone nicht mit dem Quadrat der Entfernung ab, sondern

### Delfintherapie - Die große Lüge

Für unheilbar Kranke, insbesondere für Kinder, wird in vielen Ländern wie den USA, der Türkei und Israel eine zweifelhafte Form der Therapie angeboten - die Delfintherapie. Patienten, die in den Genuss dieser sehr teuren Therapien kommen, leiden unter anderem an Lernschwäche, Autismus, Spastik oder Lähmungen. Die Anbieter versprechen Erfolge aufgrund der positiven Wirkung des Ultraschalls, der von den Delfinen ausgesandt wird und sich positiv auf Gehirnwellen und Gewebe auswirken soll.

Bis heute gibt es allerdings keinerlei wissenschaftlich fundierte Beweise, die den Erfolg einer Therapie auf den Kontakt mit den Tieren zurückführen würden. Bei den erfolgreichen Therapien mit Delfinen dürfte der Erfolg nicht auf dem positiven Einfluss der Tiere beruhen, sondern durch andere Faktoren bedingt sein. So kann etwa der Aufenthalt im Wasser durch das Gefühl der Schwerelosigkeit auf manche Patienten eine positive Wirkung ausüben. Aber auch die neue Umgebung dürfte einen Einfluss haben, nicht nur durch das Medium Wasser, sondern auch durch die Tatsache, dass diese Therapie oftmals an Ferienorten angeboten wird. Den größten und wichtigsten Effekt hat aber höchstwahrscheinlich die sehr intensive Beschäftigung eines oder mehrerer Therapeuten und /oder Familienmitglieder mit dem Kranken im Zuge der aufwändigen und langwierigen Therapie. Die Annahme liegt daher nahe, dass die gleichen Effekte auch ohne Delfin erreicht werden können, und dass es sich bei der Delfintherapie um gewissenlose Geschäftemacherei handeln könnte.[288]

nur noch proportional mit der Entfernung. Dieses Phänomen wird analog zum Begriff SONAR *(Sound Navigation and Ranging)* SOFAR *(Sound Fixing and Ranging)* genannt.

Wale können aufgrund ihres großen Resonanzkörpers sehr laute niederfrequente Geräusche von etwa 20 Hz (20 Schwingungen pro Sekunde) produzieren. Niederfrequente Geräusche werden im Wasser am wenigsten abgeschwächt. Die Frequenzen um 20 Hz sind in verschiedener Hinsicht auf eine optimale Reichweite abgestimmt. Es ist anzunehmen, dass die Kommunikation mittels Walgesang auch zur Orientierung unter dem Packeis genutzt wird.

Der Gesang der Wale ist auch über der Wasseroberfläche zu hören und bis zu den 1960er Jahren dachte man noch, dass diese Geräusche militärischen Ursprungs wären. Der Walgesang entstand allerdings in einer Zeit, in der es noch keinen Schiffsverkehr gab. Damals herrschte in diesem Wellenlängenbereich Ruhe in den Ozeanen; nur wenige Nebengeräusche haben die Kommunikation gestört. Der zunehmende Schiffsverkehr seit der industriellen Revolution wurde jedoch mehr und mehr zum Problem, denn der von großen Schiffen verursachte Lärm liegt im gleichen Wellenlängenbereich. So gefährdet nicht nur der Walfang, der nach wie vor von einigen Ländern betrieben wird, sondern auch die akustische Umweltverschmutzung die Walpopulationen unserer Ozeane.[280]

Viele Wissenschaftler, die sich intensiver mit dem Verhalten und den sozialen Strukturen von Delfinen beschäftigen, halten den Delfin für deutlich intelligenter als den Schimpansen. Zahlreiche Untersuchungen legen nahe, dass Delfine in der Tat neben dem Menschen die intelligentesten Lebewesen auf unserem Planeten sind. Delfine haben einen sehr gut entwickelten Neocortex, das ist jener Bereich des Großhirns, der für Problemlösung, Ich-Bewusstsein und andere Eigenschaften verantwortlich ist, die wir mit Intelligenz assoziieren. Das Gehirn von Delfinen ist mit etwa 1600 Gramm größer als das des Menschen und das Verhältnis Gehirn zu Körpergewicht größer als beim Affen, allerdings kleiner als beim Menschen. Wissenschaftler haben in Delfingehirnen besondere Typen von Nervenzellen entdeckt, die beim Menschen und bei Affen soziale Wahrnehmungen, Gefühle und die Fähig-

*Großer Tümmler (Tursiops truncatus), Rotes Meer (Ägypten, El Quseir)*

keit, sich in die Gefühle anderer Individuen »hineinzudenken«, ermöglichen.

Delfine können lernen, komplexe, vom Menschen gestikulierte Sätze zu verstehen. Sie verstehen sogar Grammatik und Satzbau (Subjekt, Prädikat, Objekt). Sie können Unterwasser-Keyboards betätigen, um dadurch nach bestimmten Spielzeugen zu fragen.[281, 282, 283, 284]

Forschungen an in Gefangenschaft gehaltenen Delfinen haben ergeben, dass sie in der Lage sind, sich selbst in einem Spiegel zu erkennen. Die Delfine wurden dazu mit ungiftigem schwarzem Farbstoff an Körperstellen markiert, die für sie nur in einem Spiegel zu sehen waren. Die markierten Delfine haben einen im Pool angebrachten Spiegel und andere reflektierende Oberflächen benutzt, um sich diese Markierungen anzusehen. Nachdem sie einige Male markiert wurden, schwammen sie jedes Mal nach einem erneuten Markierungsvorgang sofort zum Spiegel, um das Ergebnis zu begutachten. Eines der Versuchstiere wurde auf der Zunge markiert und es schwamm sofort zum

### Auge in Auge mit Delfinen

Am Ende eines unserer Tauchgänge im Roten Meer sollte noch etwas geschehen, das wir wohl lange nicht vergessen werden. Wir tauchten bereits in etwa fünf Metern Wassertiefe vom Riff ins Freiwasser, um uns in sicherem Abstand vom Korallenriff vom Tauchboot abholen zu lassen. Unmittelbar bevor wir uns entschieden, aufzutauchen, hörten wir plötzlich ein hochfrequentes Fiepen. Im selben Augenblick befanden wir uns inmitten einer Delfinschule. Die Tiere schwammen ohne erkennbare Scheu ganz knapp an uns vorbei, zwischen uns durch, unter uns hindurch sowie über uns hinweg. Dabei kamen sie oft völlig unerwartet von hinten, ganz offenbar, um ungesehen besonders nahe an uns heranzukommen. Es bestand kein Zweifel, dass sie sich sehr für uns interessierten.

Besonders amüsant zu beobachten waren die Schwimm-Manöver, die sie vollbrachten: Blitzschnelle Richtungsänderungen, senkrechtes Abtauchen unmittelbar vor uns oder verspielt anmutende Sprints zur Wasseroberfläche vermittelten uns das Gefühl, dass sie eigens für uns eine Show veranstalteten. Schon bald war mir klar, dass eigentlich nicht wir die Delfine, sondern die Delfine uns beobachteten und inspizierten. Das Schauspiel war ebenso schnell zu Ende, wie es begann. Wie auf Befehl eines unsichtbaren Anführers verschwanden die faszinierenden Säugetiere ebenso plötzlich, wie sie gekommen waren, im tiefblauen Ozean. 25 Jahre, nachdem ich zu tauchen begonnen hatte, war dies meine erste Delfinbegegnung unter Wasser.

**Wie sehe ich heute aus?**
Unglaublich – Delfine betrachten sich im Spiegel

Spiegel, um mehrmals hintereinander sein Maul zu öffnen. Kontrollexperimente, in denen Delfine an den gleichen Körperstellen zwar berührt, aber nicht markiert wurden, beweisen, dass es sich bei dem beobachteten Verhalten tatsächlich um eine Reaktion auf die Markierung der Körperoberfläche und nicht auf die Berührung handelte. Tiere, die zuvor nie markiert wurden, zeigten bei Berührung an diversen Stellen keine auffälligen Reaktionen, während andere, die zuvor bereits mehrfach markiert wurden, nach einer Berührung an den entsprechenden Stellen zum Spiegel schwammen, um nach den neuen Markierungen zu sehen. Eines der Tiere drehte sich bei dieser Suche vor dem Spiegel 12 Mal um die eigene Achse.

Außer beim Menschen konnte bislang nur bei Affen und Delfinen ein ausgeprägtes Ich-Bewusstsein nachgewiesen werden.[285] Auf der Suche nach nicht-menschlicher Intelligenz in unserem Sonnensystem ist es nicht notwendig, sich entfernten Galaxien im Weltraum zuzuwenden. Ein Blick in unsere Meere lässt uns fündig werden – bei den Delfinen.
Die Beweise, dass es sich bei Delfinen um hochintelligente Tiere handelt, machen ihre Haltung in Gefangenschaft in hohem Maße unethisch. In freier Wildbahn haben Delfine einen Aktionsraum von etwa 100 $km^2$, in Gefangenschaft ist dieser um den Faktor 10 000 kleiner. Es ist nur allzu verständlich, dass viele in Gefangenschaft gehaltene Delfine einen frühen Tod durch Magen-Darm-Erkrankungen oder Pilzinfektionen sterben. Allein in Deutschland sind in Delfinarien bereits weit über 100 Delfine verstorben und die Zahlen für die USA und andere Länder liegen noch um ein Vielfaches höher.[286] Viel schlimmer noch ist das vor allem in der japanischen Stadt Taiji durchgeführte brutale Abschlachten von Delfinen, bei dem jedes Jahr viele Hundert Delfine einen grausamen Tod finden.

**Schutzprogramme** für Wale und Delfine lohnen sich

Die Populationen vieler Wale und Delfine sind durch die genannten Bedrohungen stark gefährdet. Umweltverschmutzung, Lärmbelastungen, Wal- und Delfinfang sowie der Beifang von Delfinen bei vielen Fangmethoden des Thunfischfangs sind nur einige von vielen Faktoren, die weltweit zu einer starken Reduktion der Delfinbestände geführt haben. Es ist allerhöchste Zeit, internationale Schutzprogramme auszuarbeiten, um den Fortbestand dieser Tiergruppe zu sichern. Der Buckelwal *(Megaptera novaeangliae)* ist ein sehr gutes Beispiel dafür, dass sich rechtzeitig initiierte Schutzprogramme lohnen. 1966 wurde aufgrund des intensiven Fangs ein Tiefststand von maximal 1400 Individuen im nördlichen Pazifik erreicht und der Fang wurde international verboten. Der Buckelwalbestand hat sich daraufhin sogar schneller erholt, als man dies erwartet hatte. Im Jahr 2008 war der Bestand bereits wieder auf etwa 20 000 Tiere angestiegen.[287]

# Achtung: Giftig!

Giftige Tiere sind im gesamten Tierreich – von den Einzellern bis zu den Wirbeltieren – weit verbreitet. Eine ausführliche Besprechung würde den Rahmen dieses Buches bei weitem sprengen. Es sollen daher nur ausgewählte systematische Tiergruppen der Unterwasserwelt, die in Zusammenhang mit ihrer Giftigkeit von besonderem ökologischem Interesse sind, erwähnt werden.

Der ökologische Vorteil der Gifte ist vielfältig: Sie dienen dem Fraßschutz und somit dem Schutz vor Räubern, dem Schutz vor Infektionen und dem Beutefang und sie steigern die Konkurrenzfähigkeit im Kampf um Lebensraum.
Die toxischen Substanzen werden von ihren Besitzern entweder selbst synthetisiert oder über die Nahrung aufgenommen und im Körper angereichert. Da sie nicht unmittelbar dem Überleben der Tiere dienen, also nicht Teil des Bau- oder Betriebsstoffwechsels sind, werden sie auch als sekundäre Metaboliten bezeichnet.
Ganz generell werden giftige Tiere in aktiv und passiv giftige Tiere eingeteilt. Aktiv giftig sind Tiere, die, wie die Bezeichnung schon aussagt, das Gift zum Beispiel über Giftstacheln oder einen Biss in ihr Opfer einbringen. Das Gift gelangt dabei entweder direkt in die Blutbahn oder ins Gewebe.
Passiv giftig sind Tiere, die sich durch Einlagern von Toxinen in ihren Körper vor Feinden schützen. Ihr Gift haben sie in der Regel mit der Nahrung aufgenommen, diese Tiere sind damit giftig im Sinne von »nicht essbar«. Wie so oft ist die Unterscheidung im englischen Sprachgebrauch einfacher. Für die unterschiedlichen Gifte beziehungsweise die Art der Einbringung in den Körper gibt es zwei unterschiedliche Wörter, nämlich *venomous* und *poisonous*.

Ebenso vielfältig wie die chemische Struktur ist auch die Wirkungsweise der Gifte. Proteine (Eiweiße) und Polypeptide (so nennt man sehr kleine Eiweiße) können allergische Reaktionen auslösen, zu Gewebezerfall führen, die Blutzellen auflösen (Hämolyse) sowie giftig auf Nerven- und Muskelzellen wirken. Eine andere Gruppe von Giften sind biogene Amine, die oft als Bo-

tenstoffe zwischen Nerven- und Muskelzellen dienen (Neurotransmitter) oder gefäßerweiternd oder -verengend wirken und unter anderem starke Schmerzen verursachen können.
Bei Tetrodotoxin (TTX), dem Gift der Kugelfische und des Blauring-Oktopoden *(Hapalochlaena maculosa)*, das 10- bis 100-fach giftiger als das Gift der Schwarzen Witwe und etwa 10 000 Mal so giftig wie Zyankali ist, handelt es sich um eine sehr komplexe chemische Verbindung.
Das Gift vieler Tiere besteht aus einer Mischung mehrerer oder sogar sehr vieler unterschiedlicher Toxine, die eine Reihe von Wirkungen gleichzeitig haben. Die gefäßerweiternde Wirkung eines Bestandteils einer Giftmischung ermöglicht zum Beispiel, dass das eigentliche Gift schneller im Körper des Opfers verteilt wird und damit schneller und stärker wirkt. Die lähmende Wirkung der Giftmischung von Kegelschnecken verhindert die Flucht des Opfers und das Gift, das auf die Nerven- und Muskelzellen wirkt, tötet es.
Die Behandlung von Vergiftungen muss ganz spezifisch für das jeweilige Gift erfolgen. Da man zum Beispiel für Proteine relativ einfach Antikörper produzieren kann, sind für einige Proteingifte, so etwa für das des Steinfisches, Antiseren verfügbar.

## Nesseltiere

Nesseltiere sind ein Tierstamm, zu dem die Schirmquallen, die Würfelquallen, die Blumentiere und die Hydrozoen zählen. Den Würfelquallen wird auch die hochgiftige Seewespe der Gattung *Chironex* zugeordnet, die im Indopazifik regelmäßig zu tödli-

*Leuchtqualle (Pelagia noctiluca), Mittelmeer (Istrien, Kroatien)*

chen Unfällen mit dem Menschen führt. Intensive Vernesselungen durch *Chironex fleckeri*, die giftigste Vertreterin der Würfelquallen, können auch für einen gesunden Erwachsenen tödlich sein. Es sind Vergiftungsfälle bekannt, die innerhalb von nur drei Minuten zum Tode führten.[73]
Allen Nesseltieren ist eins gemeinsam: Sie haben giftige Nesselzellen (Nematocyten), in denen spezielle Organellen, die Nesselkapseln (Nematocysten), enthalten sind. Im Ruhezustand muss man sich die Kapsel mit dem daran hängenden Faden in etwa vorstellen wie einen nach innen gestülpten Finger eines Handschuhs. Die Kapseln sind berührungsempfindlich und verfügen über ein kleines Stielchen (Cnidocil), das als Auslöser dient. Sobald der Auslöser durch den Kontakt mit einem Beutetier betätigt wird, stülpt sich die Kapsel aus der Zelle und injiziert das Gift über einen fadenförmigen Fortsatz, der meist mit Dornen besetzt ist, in ihr Opfer. Da bei jeder Berührung unzählige Nesselkapseln entladen werden, bleibt das Opfer mit dem Nesseltier verbunden. Die Nesselkapseln durchdringen dabei die Körperoberfläche und injizieren das Gift. Bei Kontakt mit der Haut verspürt der Mensch einen brennenden Schmerz, die entstehenden Hautrötungen und die bei schweren Vernesselungen entstehenden Blasen sehen ähnlich aus wie die einer Verbrennung. Tatsächlich handelt es sich aber um giftige Stichverletzungen.

**Nesselkapseln**
Sehr klein, sehr schnell, sehr schmerzhaft

Aber wie können die winzig kleinen Nesselkapseln die oftmals harten Schalen ihrer Opfer, wie sie zum Beispiel bei vielen Krebstieren vorkommen, durchschlagen?
In Nesselkapseln sind spezielle geladene Bio-Polymere und Ionen (gelöste Salze) enthalten, die im Kapselinneren einen Überdruck von bis zu 150 bar erzeugen. Aufgrund dieses enorm hohen Drucks kann sich die Kapsel mit unglaublicher Geschwindigkeit entladen. Untersuchungen mit speziellen Hochgeschwindigkeits-Kameras haben ergeben, dass eine Nesselkapsel in nur 700 Nanosekunden, also 700 Milliardstel Sekunden, aus der Nesselzelle austritt. Die dabei von der Kapsel erreichte Geschwindigkeit beträgt bis über 130 Kilometer in der Stunde und es treten Beschleunigungen auf, die über fünf Millionen Mal größer sind als die Erdbeschleunigung! Bedingt durch die geringe Größe der

Nesselkapsel tritt beim Aufschlagen auf die Körperoberfläche des Opfers ein Druck von bis zu 70 000 bar auf.[74] Anhand dieser Zahlen kann man sich leicht vorstellen, dass Nesselkapseln nicht nur die Haut des Menschen, sondern auch Krebspanzer aus hartem Chitin durchschlagen können.

**Winzige tödliche Dosis**
Ein Fünfundzwanzigtausendstel des Gewichts einer Fruchtfliege pro Kilogramm Körpergewicht genügt

Das Gift der Krustenanemone der Gattung *Palythoa*, das Palytoxin (PTX), zählt zu den giftigsten bekannten Substanzen. Die LD50, also die Giftmenge, bei der im Tierversuch 50 % der Versuchstiere versterben, liegt bei diesem Gift bei extrem niedrigen 10 bis 1000 Nanogramm (ein Nanogramm ist ein Milliardstel Gramm) pro Kilogramm Körpergewicht.[75] Für den Menschen stellen Krustenanemonen jedoch keine Gefahr dar, da die Nesselkapseln die Hornhaut nicht durchdringen können.

## Schnecken

Eine mit etwa 500 bis 700 Arten sehr erfolgreiche marine Tiergruppe ist die Familie der Kegelschnecken *(Conidae)*. Die Kegelschnecken werden der Gattung *Conus* zugeordnet, der vermutlich artenreichsten Gattung aller marinen Lebensräume. Sie sind ausnahmslos giftig und kommen hauptsächlich in den tropischen Meeren vor. Nur eine einzige Art, *Conus ventricosus* lebt im Mittelmeer. Kegelschnecken sind Räuber, die ihre Beute mit einem Gift lähmen, das unter dem Namen Conotoxin bekannt ist. Es wird über einen oder mehrere pfeilförmige Zähne, die sogenannten Radulazähne, in das Opfer injiziert. Die Giftpfeile werden einzeln aus einem weit ausstülpbaren Schlundrohr, das sehr flexibel ist, ausgestoßen. Das Schlundrohr kann dabei ähnlich wie eine Angel eingesetzt werden, mit der das Opfer nach dem Stich durch den mit Widerhaken versehenen Giftpfeil herangezogen wird. Bis zu 20 Reservezähne stehen jederzeit in einer Ausstülpung des Schlundes, dem Radulasack, zur Verfügung und werden bei Bedarf nachproduziert.[76] Die Pfeile sind, solange sie im Radulasack gelagert werden, noch nicht giftig, sondern werden erst direkt vor der Injektion in das Opfer mit einem Gift, das aus einer eigenen Drüse stammt, beladen.

*Kegelschnecke der Gattung Conus. Die Gattung ist sehr artenreich und daher ist die Art oftmals schwierig zu bestimmen. Hier handelt es sich wahrscheinlich um Conus eburneus, Indischer Ozean (Malediven, Ari Atoll).*

Nach ihrer Ernährungsweise teilt man die Kegelschnecken in drei Gruppen ein: die wurmfressenden, die schneckenfressenden und die fischfressenden Arten. Insbesondere das Gift der fischfressenden Arten wirkt sehr schnell, damit der Fisch, sollte er vom Schlundrohr nicht festgehalten werden können, nicht mehr weit flüchten kann.

Die meisten Gifte der Kegelschnecken – viele tausend sind bekannt – wirken auf Ionenkanäle von Zellmembranen, indem diese blockiert werden. Die Ionenkanäle spielen unter anderem in der Reizweiterleitung und für Muskelkontraktionen eine ganz wesentliche Rolle. Durch die Unterbrechung der Reizleitung kommt es zu Lähmungen und fast immer folgt der Tod der Beute. Bis zu 200 verschiedene Substanzen sind im Gift der Kegelschnecken enthalten, von denen die meisten auf ganz bestimmte Typen von Ionenkanälen wirken. Besonders gefährlich sind Gifte, die sich auf lebenswichtige Funktionen wie die der Atemmuskulatur oder des Herzmuskels auswirken. Der Giftcocktail der Kegelschnecken enthält auch schmerzlindernde Substanzen, wodurch das Opfer nach dem Stich ruhiggestellt wird und nicht oder kaum flüchtet.

Beachtliche 25 % der dokumentierten Unfälle mit dem Menschen verlaufen tödlich. Der Stich der fischfressenden Arten *Conus geographus* und *Conus textile*, deren Verbreitungsgebiet der Indopazifik ist, stellt für den Menschen die größte Gefahr dar. Ein Antidot (Gegengift) ist nicht bekannt und deshalb ist nach einem Stich die künstliche Beatmung die einzig mögliche Behandlung, um der Atemlähmung entgegenzuwirken. Die Giftwirkung klingt üblicherweise erst nach etwa 24 Stunden langsam ab, Symptome wie Koordinationsprobleme können mehrere Tage andauern.[77, 78]

**Tödlicher Cocktail**
Die Gifte der Kegelschnecken sind wahre Tausendsassas, beeindruckend effizient und anpassungsfähig

Das sehr effiziente Gift ist mit Sicherheit einer der Gründe für den enormen Erfolg dieser Schneckengattung während der vergangenen 50 Millionen Jahre. Untersuchungen der Proteinstruktur der Gifte haben gezeigt, dass nur sehr geringfügige Änderungen erforderlich sind, um eine völlig andere Wirkung zu erzielen. Eine geringe sprunghafte Veränderung im Erbgut – eine sogenannte Mutation – kann also dazu führen, dass sich die Giftwirkung einer Art ändert. Viele Hinweise sprechen dafür, dass es eine eigene Evolution der Gifte im Sinne von Anpassung an bestimmte Nahrungsquellen gab bzw. gibt. Außerdem ist eine Mischung mehrerer Gifte von Vorteil, weil das Vorkommen der typischen Beutetiere oft mit der Jahreszeit schwankt. So ist sichergestellt, dass für jede Beute ein ideal wirkendes Gift zur Verfügung steht.[79]

In sehr geringen Konzentrationen macht man sich in der Medizin die Wirkung der Conotoxine zunutze, um ganz bewusst die Reizleitung zu unterbrechen. Dies kommt bei Medikamenten für die Behandlung von chronischen Schmerzen zum Einsatz. An dieser Stelle sei auf das folgende Kapitel über Arzneimittel aus dem Meer verwiesen, in dem ich näher auf die Conotoxine eingehen werde.

## Passiv giftige Fische

Zu den passiv giftigen *(engl.: poisonous)* Fischen zählen unter anderem die Kugel- und Igelfische, die das hochgiftige Tetrodotoxin, abgekürzt TTX, in ihren Körper einlagern. Dieses Gift wird nicht vom Fisch selbst, sondern von Bakterien produziert,

die im Gewebe der Tiere leben. Ein im Aquarium aufgezogener Kugelfisch bleibt so lange ungiftig, bis er erstmals Tetrodotoxin enthaltende Nahrung und damit auch die entsprechenden Bakterien zu sich nimmt. Je nach Entwicklungsstadium des Fisches findet sich das TTX in unterschiedlichen Organen. Es kommt im Laufe der Entwicklung zur Verlagerung des Giftes in andere Organe,[80] was die Vorhersage der Giftigkeit im Falle des Verzehrs – gegessen wird ja, wenn überhaupt, nur das Fleisch, also die Muskeln – zusätzlich erschwert.

*Der Maskenkugelfisch (Arothron diadematus, oben) sowie der Gelbflecken-Igelfisch (Cyclichthys spilostylus) und der Riesenkugelfisch (Arothron stellatus), zählen zu den tetrodotoxischen Fischen, Rotes Meer (Ägypten, El Quseir)*

Die höchste Konzentration des Giftes findet sich bei erwachsenen Kugelfischen in den Eingeweiden, insbesondere in der Leber und den Gonaden, während die Muskulatur meist kein Tetrodotoxin enthält. Tiere mittlerer Größe enthalten genügend Gift, um beim Verzehr für 30 Menschen tödlich zu wirken.[48] Tetrodotoxin hemmt die Reizweiterleitung von Nerven- und Muskelzellen, indem ganz spezifisch die Natriumkanäle der Zellen blockiert werden.[81]

Spätestens jetzt wird sich der Leser fragen: Wie kann es sein, dass sich die Kugel- und Igelfische bei der Aufnahme des TTX über die Nahrung nicht vergiften, wenn für andere Tiere das Gift bereits in geringsten Mengen tödlich wirkt? Nun, Tiere, die TTX über ihre Nahrung aufnehmen und in ihrem Körper einlagern, sind gegen das Gift resistent – mehr dazu und über die ökologischen Vorteile des Einlagerns von TTX in den Körper im blauen Kasten *Wie Nerven- und Muskelgifte wirken: Ein kurzer Exkurs in die Zellphysiologie* auf Seite 215. Durch die Blockade der Ionenkanäle entstehen Lähmungserscheinungen, die schon bei sehr geringen Mengen von Tetrodotoxin zum Tod durch Atemlähmung führen. Es sind Fälle von Vergiftungen bekannt, bei denen die Opfer bewegungsunfähig ihre eigenen Wiederbelebungsversuche miterlebten und zwischenzeitlich bereits für tot erklärt wurden – bei vollem Bewusstsein!

**Tödliches Prickeln**

Der »Kick« beim Fugu-Essen – das Prickeln auf der Zunge: Gut, wenn der Koch sein Handwerk versteht

Das Toxin wird durch Hitze nicht zerstört, daher kann es auch nicht durch Kochen deaktiviert werden. In Japan gilt ein von speziellen Fugu-Köchen zubereitetes Gericht aus den giftigen Fischen als Spezialität. Die Kunst besteht darin, tetrodotoxinhaltige Fische so zuzubereiten, dass nur äußerst geringe Mengen des Giftes in das Gericht gelangen, so dass es beim und nach dem Verzehr ein Prickeln auf den Lippen hinterlässt. Der Koch muss allerdings eine spezielle Ausbildung haben, weil schon geringfügig zu hohe Dosen zu schweren Vergiftungen und zum Tod führen können.

Ähnliche Symptome rufen die hochgiftigen, im Indopazifik beheimateten Blauring-Oktopoden der Gattung *Hapalochlaena* hervor. Ihr Gift wird in den Speicheldrüsen produziert und gerät durch einen unscheinbaren Biss in die Blutbahn. Es ist ebenfalls Tetrodotoxin.

Zu sehr ähnlichen Symptomen wie bei der TTX-Vergiftung kommt es nach dem Genuss von Muscheln, die das Gift Saxitoxin (STX) in ihren Körpergeweben angereichert haben. Ebenso wie TTX blockiert STX die Ionenkanäle und führt zu Lähmungen. Bei dieser Art von Vergiftung spricht man auch von PSP *(Paralytic Shellfish Poisoning)*. Saxitoxin wird von marinen einzelligen Algen produziert, die sich in bestimmten Regionen und zu bestimmten Jahreszeiten derart massenhaft vermehren kön-

*Linke Seite oben: Gelbflecken-Igelfisch (Cyclichthys spilostylus)*

*Unten: Riesenkugelfisch (Arothron stellatus, Rotes Meer (Ägypten, El Quseir)*

nen, dass sie das Meer rot einfärben. Man spricht dann auch von *Red Tide.* Dort, wo es regelmäßiger zu Massenvermehrungen dieser Algen kommt, können sich durch Genmutation resistente Populationen der Muschel bilden. Durch die Resistenz lagern diese Populationen dann hohe Mengen an Saxitoxin ein. Diese Tiere sind es, die PSP auslösen können oder aufgrund des großen Ertragsausfalles erheblichen wirtschaftlichen Schaden anrichten.[83, 84]

Eine ähnlich wirkende Giftmischung ist für die Ciguatera-Vergiftung verantwortlich. Allerdings kommen diese Gifte nicht ständig vor, sondern in vielen an und für sich ungiftigen Fischen nur zu bestimmten Jahreszeiten oder bei besonderen Umweltbedingungen wie etwa Planktonblüten. Daher ist es schwierig vorherzusagen, welche Fischarten wann das Gift enthalten und vorübergehend nicht zum Verzehr geeignet sind. Bei diesen Giften handelt es sich um Ciguatoxin, Maitotoxin und Scaritoxin, die vom marinen Einzeller der Art *Gambierdiscus toxicus* produziert werden und sich in der Nahrungskette vom Friedfisch über die Räuber zunehmend anreichern, ohne dabei den Tieren direkt zu schaden.

Ciguatoxin und Maitotoxin zählen mit einer LD50 von 0,45 bzw. 0,17 µg/kg Körpergewicht bei Mäusen zu den stärksten bekannten marinen Giften.[82] Maitotoxin ist ungefähr 50 Mal giftiger als Tetrodotoxin. Diese Gifte wirken in ähnlicher Weise wie das Tetrodotoxin, nur dass die Ionenkanäle der Zellen nicht blockiert, sondern aktiviert werden und es zu verstärkter Depolarisation (Ladungsausgleich zwischen dem Zellinneren und der Umgebung) von Zellen kommt. Auch diese Gifte sind hitzebeständig und können durch Kochen nicht unschädlich gemacht werden. Beim Menschen kann es nach dem Verzehr zu mehr oder weniger starken Vergiftungserscheinungen wie Übelkeit, Erbrechen, Kreislaufbeschwerden, Schwindelgefühl sowie in schweren Fällen zu Lähmungserscheinungen, Koma und Tod kommen. Die Verbreitung von Ciguatoxin ist auf den Bereich der Tropen und Subtropen beschränkt und von sehr vielen Fischarten bekannt. Betroffen sind unter anderem Barrakudas, Schnapper, Zackenbarsche, Doktorfische, Muränen, Makrelen, Papageifische und Dorsche.

## Aktiv giftige Fische

*Indischer Rotfeuerfisch (Pterois miles), Indischer Ozean (Malediven, Ari Atoll)*

Aktiv giftige *(engl.: venomous)* Fische sind Tauchern und Schnorchlern bei weitem geläufiger. Dazu zählen unter anderem Steinfische, Drachenköpfe, Rotfeuerfische, Stachelrochen und Petermännchen. All diese Vertreter zeichnen sich durch einen Giftapparat aus, der aus Giftdrüsen und einem oder mehreren Stacheln besteht, der aber fast immer nur zur Verteidigung eingesetzt wird.

Aufgrund ihrer schönen Färbung sowie der auffälligen, fächerartigen Flossen sind die Vertreter der Rotfeuerfische (Gattung *Pterois*) wahrscheinlich die bekanntesten Giftfische tropischer Gewässer. Das natürliche Verbreitungsgebiet der Rotfeuerfische ist der Indopazifik und sie werden gemeinsam mit den ebenfalls rein tropischen Steinfischen und mit den auch im Mittelmeer vorkommenden Drachenköpfen der Familie der Skorpionfische

*Drachenkopf (Scorpaenopsis sp.), Indischer Ozean (Malediven, Ari Atoll)*

zugeordnet. Giftig sind bei den Steinfischen lediglich die Rückenflosse, bei den Rotfeuerfischen und den Drachenköpfen auch die Bauch- und Analflossen. Die Brustflossen sind ungiftig. Der Giftapparat dieser drei Unterfamilien ist unterschiedlich gut entwickelt. Bei den Rotfeuerfischen ist kein Giftkanal ausgebildet und die Stacheln sind dünn. Verletzungen durch Rotfeuerfische sind zwar schmerzhaft, verlaufen aber in der Regel weitgehend harmlos, wenn sie behandelt werden.[90]

Drachenköpfe haben ebenfalls noch keinen Giftkanal, aber die Stacheln sowie die Giftdrüsen sind dicker ausgebildet. Am besten entwickelt ist der Giftapparat bei den Steinfischen, die im Vergleich zu den anderen aktiv giftigen Fischen in ihren Flossenstrahlen Giftkanäle ausgebildet haben, die bei Berührung durch das Opfer das Gift analog einer Injektionsspritze in dessen Körper injizieren. Bei allen Steinfischen befinden sich an der Rückenflosse 13 Giftstacheln. Die Auswirkung des extrem schmerzhaften Stichs ist meistens auf die betroffene Extremität und lokale Lymphknoten beschränkt, nach 60 bis 90 Minuten haben die Schmerzen ihren Höhepunkt erreicht und können unbehandelt bis zu 12 Stunden andauern. Weil das Gift unter anderem die Durchlässigkeit der Blutgefäße erhöht, kann Flüssigkeit aus den Blutgefäßen ins umliegende Gewebe übertreten und zu einem Lungenödem und in weiterer Folge zu Atemversagen führen. In diesem Fall ist eine künstliche Beatmung notwendig, bis der Patient wieder stabilisiert ist. Obwohl die Steinfische die gefährlichsten unter den aktiv giftigen Fischen sind, endet ein Stich nur selten tödlich. Es sind aber auch Fälle bekannt, in denen die Betroffenen mehrere Monate lang unter sehr unangenehmen und schlecht heilenden Wunden gelitten haben. Der Steinfisch setzt seinen Giftapparat nicht zur Jagd ein, die Stacheln dienen lediglich dem Schutz des Tieres.[91, 92, 93, 94]

Stachelrochen sind in allen Meeren verbreitet und zeichnen sich durch einen oder mehrere sehr kräftig ausgebildete Stacheln am Schwanz aus (siehe Foto auf Seite 212), die bei Bedrohung mit einem peitschenartigen Schlag gegen den potenziellen Angreifer eingesetzt werden. Die Stacheln können problemlos einen dicken Neopren-Tauchanzug sowie Strandschuhe durchdringen.

*Steinfisch (Synanceia verrucosa), Rotes Meer (Ägypten, El Quseir)*

*Blaupunktrochen (Taeniura lymma), Rotes Meer (Ägypten, Marsa Alam). Am Schwanz sind die beiden Giftstacheln zu erkennen.*

Aufgrund seiner beidseitig gesägten Struktur bleibt der Stachel, wenn er abbricht, wie ein Widerhaken im Gewebe stecken und muss dann operativ entfernt werden. Die Verletzung verursacht vor allem aufgrund des Giftes sofort sehr starke Schmerzen, gefolgt vom Zerfall von Muskel- und Fettgewebe, Bluthochdruck und Lähmung der betroffenen Gliedmaßen. Todesfälle sind bekannt, aber sehr selten, und die Behandlung erfolgt unter anderem mit der weiter unten beschriebenen Heißwassermethode. Ein typischer Vertreter der bodenlebenden Stachelrochen ist der oben sowie auf den Seiten 70 und 71 abgebildete Blaupunktrochen *Taeniura lymma*.

**Der niedliche Name trügt**
Petermännchen zählen zu den giftigsten Fischen überhaupt

Petermännchen der Gattung *Trachinus* sind mit mehreren Arten unter anderem auch im Mittelmeer vertreten. Sie sind nicht nur die giftigsten Fische im Mittelmeer, sondern gehören zu den giftigsten Fischen überhaupt. Die Giftwirkung ist sehr ähnlich der des Steinfisches. Nach dem Stich treten sofort extrem starke Schmerzen auf, der entsprechende Körperteil schwillt stark an und rötet sich. In schweren Fällen kann ein Stich sogar beim Menschen zum Tode führen. Das Gift eines Tieres ist so effizient, dass es ausreichen würde, um etwa 300 Grundeln zu töten und

bei hoher Dosierung des Giftes tritt der Tod auch bei größeren Versuchstieren noch während der Injektion ein.[95, 96]

Strahlenpetermännchen (Trachinus radiatus), Mittelmeer (Kroatien, Insel Hvar)

Die Gifte aller hier genannten aktiv giftigen Fische setzen sich ähnlich zusammen. Es ist eine Mischung mehrerer Substanzen. Für die starken Schmerzen ist das Serotonin (chemisch korrekte Bezeichnung: 5-Hydroxytryptamin) verantwortlich. Es handelt sich dabei um einen in der Tierwelt sehr weit verbreiteten Neurotransmitter, also einen Botenstoff, der für die chemische Übertragung von Nervenimpulsen verantwortlich ist.

Darüber hinaus beinhalten diese Giftcocktails oft gefäßverengende und somit blutdrucksteigernde Substanzen wie Katecholamine, hämolytisch wirkende (Blutzellen auflösende) Inhaltsstoffe sowie Gifte, welche die Atmung lähmen und den Kreislauf schwächen, schließlich noch ein Protein, das für die Ausschüttung von Histamin verantwortlich ist sowie Histamin selbst. Histamin ist ebenfalls ein Neurotransmitter, wirkt aber auch als Hormon. Es spielt eine wesentliche Rolle bei allergischen Reaktionen und wirkt gefäßerweiternd. Die gefäßerweiternd und -verengend wirkenden Substanzen sind für die Kreislaufinstabilitäten der Opfer verantwortlich.

Eine ganz wesentliche Rolle spielen jene Toxine der Giftmischung, die bei Kontakt mit dem Gewebe verklumpen und sich auf diese Weise in der Wunde festsetzen und nur schwer ausgewaschen werden können. Diese Proteine weisen oft proteolytische Eigenschaften auf, das bedeutet, dass sie andere Proteine auflösen. So kommt es beim Opfer nicht nur zu starken Gewebsschädigungen, sondern es können auch weitere toxische Zwischenprodukte entstehen.[97]
Ein Steinfisch-Antiserum, das von einer australischen Firma in Melbourne hergestellt wird, wirkt auch gegen die Gifte von Rotfeuerfischen, Skorpionfischen und Petermännchen – auch dies ein deutlicher Hinweis auf die große Ähnlichkeit der Gifte dieser Fische.[98, 99]
Als Erstbehandlung für alle Verletzungen durch Giftfische hat sich die Heißwassermethode bewährt, die den Schmerz stark reduziert.[100] Der betroffene Körperteil wird in heißes Wasser eingetaucht, wobei darauf zu achten ist, dass nicht das Opfer, sondern der Helfer die Temperatur bestimmt, denn durch die beeinträchtigte Wahrnehmung des Betroffenen kann es sonst zu Verbrennungen kommen. Einige Bestandteile des Giftcocktails sind hitzeempfindlich und werden auf diese Art zum Teil zerstört, was in Experimenten mit Giften von Stachelrochen gezeigt werden konnte.[101] Die Wirkungsweise der Heißwassermethode ist aber noch immer nicht ganz geklärt, denn da die Schmerzen recht schnell wieder ansteigen, sobald der Körperteil aus dem heißen Wasser genommen wird, ist die Hitzeempfindlichkeit nur einer der Gründe für die Schmerzlinderung. Nach einer anderen Theorie wird durch das heiße Wasser lediglich die Schmerzwahrnehmung beeinflusst.[102]
Die Heißwassermethode gilt mittlerweile auch bei vielen Vernesselungen, für die bis vor einigen Jahren noch das Auflegen von Coldpacks empfohlen wurde, als Methode der Wahl. Dies wurde im Rahmen von vergleichenden Studien an Opfern der Portugiesischen Galeere herausgefunden. Für das Gift der Würfelqualle *Chironex fleckeri* wurde nachgewiesen, dass bei Erwärmung auf über 39 °C dessen Wirkung dramatisch nachlässt.[103, 104, 105]
Im östlichen Mittelmeer kommt es seit einigen Jahren vermehrt zu Verletzungen durch nicht heimische Fische, die durch den

Suezkanal eingewandert sind. Die bei Fischern regelmäßig vorkommenden Verletzungen durch Giftfische stammen immerhin zu etwa einem Viertel vom eingewanderten Kaninchenfisch *(Siganus luridus)* und dem Korallenwels *(Plotosus lineatus)*.[106] Die Vergiftungen sind allerdings bei weitem nicht so schwer wie die durch das bereits erwähnte Petermännchen. Mehr zur Einwanderung fremder Arten in das Mittelmeer, die auch als Lessepssche Migration bezeichnet wird, im entsprechenden Kapitel ab Seite 230.

Wie groß ist die Wahrscheinlichkeit tatsächlich, dass man bei einem Bade- und Schnorchelurlaub am Mittelmeer durch einen giftigen Fisch verletzt wird? Eine Studie zur Häufigkeit von Verletzungen durch Giftfische an der spanischen Mittelmeerküste bei Malaga ergab 14 Unfälle pro 100 000 Einwohner und Jahr, von denen nur knapp über 6 % wiederholte Notfallmaßnahmen erforderten.[107] Berücksichtigt man bei diesen Zahlen, dass viele Unfälle durch entsprechend vorsichtiges Verhalten vermieden werden können, ist es also sehr unwahrscheinlich, dass man bei vorausschauendem Verhalten verletzt wird.

### Wie Nerven- und Muskelgifte wirken: Ein kurzer Exkurs in die Zellphysiologie

Die Weiterleitung von Reizen erfolgt bekanntlich über Nervenzellen. Nervenzellen stehen, solange sie nicht gereizt werden, unter einer ständigen elektrischen Spannung in der Höhe von etwa 70 Millivolt, dem sogenannten Ruhepotenzial. Dieses Ruhepotenzial wird durch Proteine erzeugt, die in die Membran der Nervenzelle eingebettet sind, und zwar indem sie unter Verbrauch von Energie selektiv bestimmte geladene Ionen, nämlich Kalium ($K^+$) und Natrium ($Na^+$) in die Zelle bzw. aus der Zelle heraus transportieren. Man bezeichnet diese Proteine auch als Natrium-Kalium-Pumpe. Zusätzlich hat jede Nervenzelle eine sehr hohe Anzahl von Ionenkanälen in ihre Zellmembran eingebettet, die im Ruhezustand allerdings geschlossen und daher undurchlässig sind. Kommt es nun lokal zu einer Erregung der Nervenzelle, so öffnen sich in dieser Region der Zelle die Ionenkanäle und es kommt, weil die Ionen ja vorher ungleich verteilt waren, durch den nun möglichen Ein- und Ausstrom von Ionen entlang des Konzentrationsgradienten zum

Potenzialausgleich. Diesen Potenzialausgleich nennt man Aktionspotenzial. Das Aktionspotenzial aktiviert wiederum benachbarte Ionenkanäle innerhalb der gleichen Zelle und das Signal wird auf diese Art weitergeleitet. Man spricht von elektrischer Erregungsleitung, weil sie elektrisch ausgelöst wird. Am Ende der Nervenzelle steht diese in engem Kontakt mit der nächsten Nervenzelle. Die Übertragung eines Signals von einer Nervenzelle auf die nächste kann bei ganz bestimmten Zelltypen zwar ebenfalls auf elektrischem Wege erfolgen, erfolgt aber meistens auf eine andere Weise: Durch das am Ende der Nervenzelle ankommende Aktionspotenzial werden winzig kleine Vesikel von der Zelle ausgeschieden. Diese Vesikel enthalten Botenstoffe, sogenannte Neurotransmitter, die nach dem Ausscheiden an bestimmten Rezeptoren der Nachbarzelle andocken und auf diese Weise durch Aktivierung von Ionenkanälen erneut ein elektrisches Potenzial in der Nachbarzelle induzieren. Wenn die Übergabe der Signale zwischen zwei Nervenzellen auf chemischem Weg erfolgt, spricht man von chemischer Erregungsleitung. Diese Abfolge von elektrischer und chemischer Erregungsleitung setzt sich so lange fort, bis das Signal beim »Endverbraucher«, zum Beispiel einem Muskel, ankommt und dort auf ähnliche Weise zur Kontraktion führt. Die Übertragung eines Signals von einer Nerven- auf eine Muskelzelle erfolgt übrigens auch auf chemischem Weg.

Sehr viele Nerven- und Muskelgifte haben einen Einfluss auf die erwähnten Ionenkanäle der Zellmembran. Tetrodotoxin (TTX) blockiert zum Beispiel jene Kanäle in Nerven- und Muskelzellen, die bei Erregung Natriumionen durchlassen sollten, und verhindert auf diese Art die Erregungsweiterleitung. Das Gift lagert sich im Eingangsbereich der Kanäle, die tunnelförmig durch die Zellmembran führen, an diese an und blockiert sie. Ciguatoxin wiederum verändert durch seine Anlagerung an Natriumkanäle deren Eigenschaft so, dass ein viel geringerer Reiz bereits zur Aktivierung des Kanals führt. Das Gift von Seeanemonen blockiert die Natrium- bzw. Kaliumkanäle und hält so den erregten Zustand der Nervenzelle länger aufrecht.

Anders als diese drei genannten Toxine, die ausschließlich auf die elektrische Erregungsleitung wirken, zeigen die unterschiedlichen Conotoxine der Kegelschnecken sowohl eine Wirkung auf die elektrische als auch auf die chemische Erregungsleitung. Die Blockierung der chemischen Erregungsleitung erfolgt, indem sich das entsprechende Conotoxin an die Rezeptoren der Nervenzellen bindet, die eigentlich für das Andocken der Neurotransmitter gedacht sind.[85, 86, 87]

TTX wirkt auf Muskeln und trotzdem kommt es bei einer Vergiftung durch TTX nicht zum Herzstillstand mit Todesfolge aufgrund einer Lähmung des Herzmuskels. Die einfache Erklärung: Es gibt unterschiedliche Typen von Natriumkanälen und die des Herzmuskels unterscheiden sich minimal von vielen anderen Natriumkanälen, so dass das TTX dort nicht andocken kann. Es wirkt also nur auf die Nerven und Skelettmuskeln des Menschen und vieler anderer Wirbeltiere, aber nicht auf den Herzmuskel. Daher tritt der Tod auch durch Atemlähmung und nicht durch Herzstillstand ein. Aus einem ähnlichen Grund kommt es in den TTX-haltigen Fischen auch zu keiner Lähmung ihrer eigenen Skelettmuskeln. Im Verlauf der Evolution kam es zu einer Mutation, die nur eine einzige Aminosäure des ursprünglich nicht TTX-resistenten Membranproteins veränderte, das den Kanal bildet. Es handelt sich jedoch um eine entscheidende Aminosäure, nämlich jene, die für die Bindung des TTX an den Ionenkanal mitverantwortlich ist. Dadurch wird die Stärke dieser Bindung maßgeblich reduziert und die Tiere sind weitgehend resistent.

Die Einlagerung von TTX hat für Kugelfische mehrere Vorteile. Der offensichtlichste ist der dadurch entstehende Fraßschutz, weil sie für viele potenzielle Feinde giftig sind. Ein weiterer Vorteil ist, dass sich diese Fische durch ihre Resistenz gegen TTX eine für andere Tiere nicht in Frage kommende Nahrungsquelle erschlossen haben, nämlich Organismen, die TTX enthalten. Und tatsächlich ernähren sich Kugelfische unter anderem von Schnecken, Würmern und Seesternen, die TTX als Fraßschutz in ihren Körper einlagern. Darüber hinaus dient das TTX weiblichen Kugelfischen als Pheromon, also als Lockstoff, um männliche Paarungspartner anzulocken.[88, 89]

Nach dem gleichen Prinzip wie das Tetrodotoxin wirken auch Lokalanästhetika. Auch sie blockieren sehr spezifisch ganz bestimmte Typen von Ionenkanälen, wodurch die Erregungsleitung unterbrochen wird, was die Schmerzempfindung verhindert.

Ionenkanäle sind hochinteressante Ziele für die Erforschung neuer Wirkstoffe und Medikamente und bergen ein großes Potenzial zukünftiger Entwicklungen für Arzneimittel aus dem Meer! Mehr zu diesem Thema ab Seite 220 im Kapitel *Arzneimittel aus dem Meer.*

*Seite 218–219: Großer Drachenkopf (Scorpaena scrofa), Mittelmeer (Kroatien, Istrien)*

# Arzneimittel aus dem Meer

Etwa ein Viertel der derzeit verkauften pharmazeutischen Produkte haben Inhaltsstoffe pflanzlichen Ursprungs. Wie bei den Giften vieler mariner Organismen handelt es sich auch bei diesen Stoffen um sekundäre Metaboliten, die dem Fraßschutz, der Vermeidung von Pilz- oder Bakterienbefall, dem Schutz vor UV-Licht, dem Kampf um Substrat oder als Lockstoff dienen. Aufgrund der viel leichteren Zugänglichkeit stammen die meisten Pharmazeutika aus Landpflanzen.

**Härtetest bestanden**
Medizinische Wirkstoffe aus marinen Organismen sind immer besonders effektiv

Das Meer bietet jedoch aus mehreren Gründen deutlich größere Ressourcen. Zum einen durch seine enorme Vielfalt unterschiedlicher Lebensräume sowie aufgrund der Tatsache, dass einige Tierstämme ausschließlich im Meer vorkommen. Zum anderen ist es in aquatischen Lebensräumen durch den viel intensiveren Kontakt mit im Wasser suspendierten Mikroorganismen notwendig, effektivere Abwehrmechanismen als an Land zu entwickeln. Hinzu kommt, dass durch das Wasser die produzierten Abwehrstoffe sehr schnell verdünnt und abtransportiert werden. Daher ist es notwendig, dass sie auch in sehr starker Verdünnung noch ihre Wirkung zeigen. Da diese Wirkstoffe aber schwerer zugänglich sind, haben die Forschungen an Arzneimitteln aus dem Meer erst mit der Entwicklung technischer Hilfsmittel für die Erforschung der Meere ab den 1950er und 1960er Jahren begonnen.[50, 289]

Für Metaboliten, die für die Arzneimittelforschung von Interesse sind, gilt innerhalb des Tier- und Pflanzenreiches ähnliches wie für die in den vorangegangenen Kapiteln erwähnten Gifte: Man findet sie in allen Tier- und Pflanzenstämmen. Die meisten biomedizinischen Verbindungen für den potenziellen Einsatz in Medikamenten werden aus Schwämmen und Nesseltieren gewonnen, erst danach folgen die Mikroorganismen und andere Tier- und Pflanzengruppen.[290] In vielen Fällen wird vermutet, dass die eingelagerten Substanzen von Bakterien produziert werden. Von einem Schwamm des tropischen Pazifiks, *Lamellodysidea herbacea*, ist bekannt, dass sein Zellvolumen zu 50 % aus einem Bakterium besteht, das die eingelagerten Metaboliten produziert. Das sind die Stoffe, die schon im Kapi-

tel über Nacktschnecken erwähnt wurden und unter anderem als Fraßschutz dienen sollen. Sie machen bei diesem Schwamm ganze 12 % des Trockengewichts aus und werden in Form von Kristallnadeln in den Schwamm eingelagert.[291]
Obwohl schon einige Arzneimittel auf dem Markt sind, die aus Meereslebewesen gewonnen werden, steht die Forschung hier noch am Anfang. In diesem Kapitel sollen anhand einiger ausgewählter Beispiele die vielversprechenden Ansätze der Arzneimittelproduktion aus marinen Organismen aufgezeigt werden. Eine umfassende Darstellung würde den Rahmen dieses Buches sprengen.

Ein breites Spektrum an Antibiotika, Fungiziden und entzündungshemmenden Stoffen ist von marinen Einzellern wie etwa Bakterien, Pilzen, Algen und Protozoen bekannt. Aus einem Vertreter der Dinoflagellaten, einer Gruppe von hauptsächlich marinen planktontischen Einzellern, wurde ein Fungizid gewonnen, das 2000 fach wirksamer ist als andere, bereits in Medikamenten eingesetzte Inhaltsstoffe gegen Pilzbefall. Ein weiteres Beispiel ist das Bakterium *Alteromonas*, aus dem ein Wirkstoff für den potenziellen Einsatz gegen das HIV-Virus, den Auslöser von AIDS, gewonnen wurde. Dabei handelt sich es um einen sogenannten Reverse-Transkriptase Inhibitor, der verhindert, dass das Virus sein Erbgut in das der befallenen Zelle einbauen kann.[290, 292]

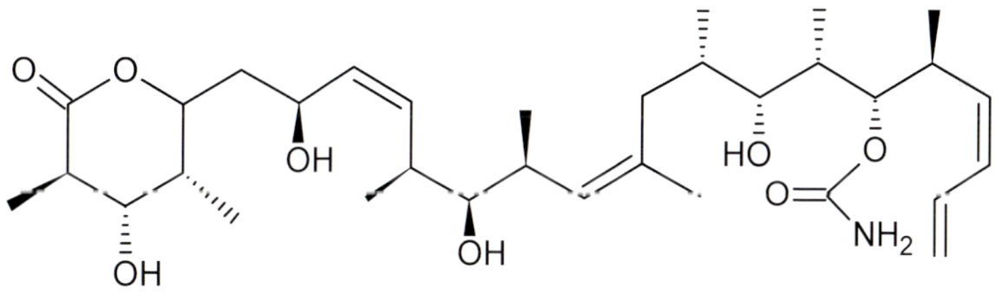


*Discodermolid, ein potenzieller Kandidat für die Behandlung von Krebserkrankungen*

Eine für die Pharmaforschung sehr wichtige Tiergruppe ist der Stamm der Schwämme. Bereits 1998 wurde von einem großen Pharmakonzern eine Verbindung mit der Bezeichnung Discodermolid lizenziert. Diese Substanz wird aus dem namensgebenden Schwamm der Gattung *Discodermia*, der in der Tiefsee vorkommt, gewonnen. Discodermolid hat sowohl cytotoxische (als Zellgift wirkende) als auch immunsuppressive (das Immunsystem unterdrückende) Eigenschaften und ist ein potenzieller Kandidat für den Einsatz bei Krebserkrankungen.

Aus der Gruppe der Gorgonien, die dem Stamm der Nesseltiere *(Cnidaria)* zugeordnet werden, ist aus einer karibischen Art eine Substanzgruppe bekannt, die als Pseudopterosine bezeichnet werden. Diese wirken entzündungshemmend und schmerzlindernd und kommen als Zusatz in Kosmetikprodukten zum Einsatz, um Hautirritationen zu vermeiden.

Eine weitere interessante Entdeckung unter den Gorgonien stammt von der im Mittelmeer vorkommenden *Eunicella cavolini*. Die als Aciclovir und Zovirax® auf dem Markt befindlichen Substanzen wurden auf synthetischem Wege hergestellt. Als Vorbild dafür diente eine ähnliche Substanz, die sehr wirksam gegen Viren ist und aus einem Meeresschwamm bekannt war. Erst später entdeckte man, dass genau diese chemische Substanz, die bereits als Arzneimittel zugelassen war, in der Gelben Gorgonie *Eunicella cavolini* vorkommt.[293, 294, 295]

Im Kapitel über Nacktkiemenschnecken haben wir bereits von den Kleptocniden erfahren, »gestohlenen« Nesselkapseln, welche die Schnecken aus ihren Beutetieren, den Nesseltieren, aufnehmen und in ihren eigenen Körper einlagern. Die Gifte der Nesselkapseln umfassen ein unglaublich breites Spektrum. Es gibt nicht nur Unterschiede in der Zusammensetzung der Gifte von verschiedenen Arten der Nesseltiere, sondern sogar Unterschiede innerhalb ein und desselben Tieres, je nachdem von welcher Körperregion die Nesselzelle stammt. Durch die enorme Vielfalt der Toxine ergibt sich auch ein breites Spektrum von Wirkweisen dieser bioaktiven Substanzen, wie etwa die Wirkung auf Nervenzellen,

*Kahalalid F stammt aus der tropischen Schnecke Elysia rufescens und wirkt ebenfalls gegen bestimmte Arten von Krebs*

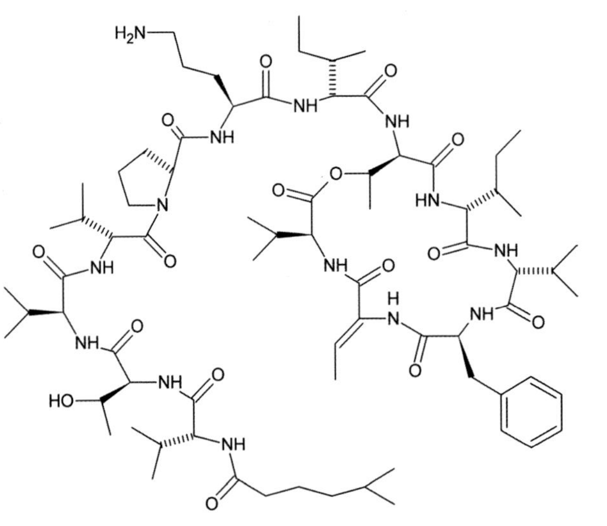

Die Gelbe Gorgonie *Eunicella cavolini* enthält jene Substanzen, die in der Fieberblasensalbe Aciclovir beziehungsweise Zovirax® enthalten sind, Mittelmeer (Kroatien, Insel Pag)

auf den Herzmuskel, auf das Immunsystem und auf die Haut. Die Toxine von Nesseltieren sind auch deshalb für die Arzneimittel- und Kosmetikforschung von Interesse, weil sie in extrem niedrigen Konzentrationen positive Wirkungen zeigen können und daher als Medikament oder Kosmetikum in Frage kommen. Nacktkiemenschnecken lagern nicht alle aufgenommenen Nesselkapseln ein. Einige werden auch, ohne dass sie sich entladen, wieder von der Schnecke ausgeschieden. Findige Wissenschaftler haben Methoden entwickelt, mit Hilfe von Nacktschnecken die Nesselkapseln aus Nesseltieren zu ernten und anzureichern. Obwohl diese Methode sehr aufwändig ist, ist sie erfolgversprechend. Erste auf diesem Weg hergestellte Produkte sind bereits auf dem Markt.[296]

Aus einer Nacktschnecke des Pazifiks, *Elysia rufescens*, konnte eine Substanz namens Kahalalid F extrahiert werden, die hochwirksam gegen Brust- und Prostatakrebs ist. Die Schnecke synthetisiert aber das Kahalalid F nicht selbst, sondern nimmt es

Schwamm *Axinella cannabina*, Mittelmeer (Kroatien, Insel Pag)

über die Algen in ihrer Nahrung auf.[35, 292] Die Schnecke wurde im Kapitel Nacktschnecken bereits erwähnt – sie lagert Chloroplasten aus der Nahrung in ihr Gewebe ein und lässt diese »Kraftwerke« für sich Photosynthese betreiben.

Bei der Besprechung der giftigen Meerestiere wurden die Kegelschnecken der Gattung *Conus* erwähnt. Das Gift der Kegelschnecken besteht aus einer Mischung sehr vieler Peptide, den sogenannten Conopeptiden. Peptide weisen einen identischen Aufbau auf wie Proteine (Eiweiße), stellen also ein langkettiges Molekül dar, das aus vielen kleinen, perlschnurartig aneinandergereihten Aminosäuren besteht. Der einzige Unterschied ist, dass Peptide mit einer maximalen Anzahl von 100 Aminosäuren kleiner sind als Proteine. Man schätzt, dass die etwa 700 Kegelschneckenarten zumindest 50 000 Conopeptide produzieren – eine fast unerschöpfliche Quelle für die Forschung. Durch ihre spezifische Wirkung auf die reizweiterleitenden Mechanismen von Nervenzellen – Conopeptide blockieren je nach Typ des

Toxins die elektrische oder die chemische Reizleitung – sind sie potenzielle Kandidaten für die Entwicklung von Medikamenten zur Behandlung von Alzheimer, Parkinson und Epilepsie.
Im Kapitel über Vergiftungen haben wir erfahren, dass die Reizweiterleitung unter anderem von Ionenkanälen geregelt wird, die durch Proteine gebildet werden, die in die Zellmembran eingebettet sind und wie eine selektive Schleuse wirken. Bei verschiedenen Erkrankungen – sogenannten Neuropathien – kommt es an manchen Nervenzellen zu einer krankheitsbedingten Erhöhung der Anzahl an Ionenkanälen. Dies kann zu chronischen Schmerzen führen.
Eines der giftigen Peptide, das Ziconotid, ist bereits als Medikament auf dem Markt. Es wird bei Patienten eingesetzt, bei denen Opiate nicht mehr wirksam sind. Ziconotid wirkt, wie Opium und Morphium, schmerzlindernd. Es blockiert Ionenkanäle, wodurch die das Schmerzgefühl auslösende Signalübertragung unterbrochen wird. Das Produkt ist unter dem Handelsnamen Prialt® auf dem Markt, wird aber nicht aus den Schnecken gewonnen, sondern synthetisch hergestellt. Es ist anzunehmen, dass in absehbarer Zeit eine Reihe von Medikamenten, die Wirkstoffe aus Conotoxinen enthalten, konventionelle Medikamente teilweise ersetzen werden, denn in einigen klinischen Studien wurden weniger Nebenwirkungen beobachtet und es wurde keine Entstehung von Abhängigkeit festgestellt. Weltweit haben sich bereits mehrere Firmen auf die Entwicklung von Arzneimitteln aus Conotoxinen spezialisiert.[297, 298, 299, 300, 301]
Das im Kapitel über Vergiftungen bereits behandelte Tetrodotoxin (TTX) zeigt bei sehr niedriger Dosierung eine ähnliche Wirkung wie Prialt®. Es wurde schon erfolgreich in klinischen Studien eingesetzt und könnte daher ebenfalls die Basis für die Entwicklung eines neuen Medikaments gegen chronische Schmerzen bilden.[302]

Zu den sehr vielversprechenden Tiergruppen hinsichtlich der Arzneimittelproduktion zählt neben den Schwämmen die Klasse der Seescheiden oder Ascidien. Seescheiden haben eine längliche Stützstruktur im Körperinneren, die Nervenzellbahnen enthält. Diese sogenannte Chorda ist entwicklungsgeschichtlich

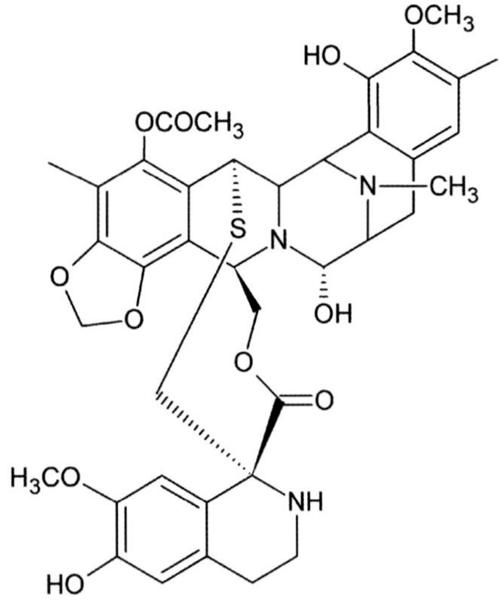


*Ecteinascidin-743 (ET-743), ein Alkaloid aus der marinen Seescheide Ecteinascidia turbinata, wird unter dem Produktnamen Yondelis® gegen Krebs eingesetzt*

eine Vorstufe der Wirbelsäule, weshalb die Seescheiden mit den Wirbeltieren verwandt sind. Aus einer im Mittelmeer und in der Karibik vorkommenden Art wird das unter dem Markennamen Yondelis® bekannte Medikament gewonnen, das bei manchen Krebserkrankungen zum Einsatz kommt. Die aufgrund der Gewinnung aus Seescheiden auch Ecteinascidin-743 genannte Substanz wirkt folgendermaßen: Viele Tumorzellen weisen eine Immunität gegen Chemotherapeutika auf. Sie schleusen die Medikamente durch einen speziellen Mechanismus aus der Zelle aus und folglich können die Präparate ihre Wirkung nicht entfalten. Der Mechanismus wird aufgrund seiner Wirkungsweise auf viele Chemotherapeutika auch *Multidrug Resistance System*, kurz MDR System, genannt. Hier kommt Ecteinascidin ins Spiel. Es blockiert das MDR System und die Tumorzelle ist dadurch nicht mehr in der Lage, das zusätzlich verabreichte Chemotherapeutikum aus der Zelle auszuschleusen.[289, 292]

Eines haben fast alle oben genannten Organismen gemeinsam: Es handelt sich um sessile, also festsitzende oder wenig mobile Lebewesen, die sich nicht in Spalten oder Höhlen verstecken oder vor Feinden flüchten können. Um zu überleben, mussten sie alternative Strategien entwickeln. Bei den Inhaltsstoffen handelt es sich daher unter anderem um Substanzen, die dem Fraßschutz dienen.

Andere Substanzen dienen der Kommunikation, zum Beispiel um die Abgabe der Geschlechtszellen ins Wasser zu synchronisieren. Würde dies nicht gleichzeitig geschehen, hätten die Organismen keinen Fortpflanzungserfolg.

Bei den meisten der in diesem Abschnitt besprochenen Substanzen handelt es sich, wie aus den Abbildungen der chemischen Formeln ersichtlich, um sehr komplizierte Verbindungen, die nicht oder nur mit sehr hohem Aufwand synthetisierbar sind. Viele marine Organismen können in Aqua- und Marikultur nicht gehalten werden. Also ist man auf ihr natürliches Vorkommen angewiesen.[293]

*Seescheiden-Kolonie der Art Aplidium elegans, Mittelmeer (Kroatien, Istrien)*

Für die Produktion von einem Gramm der oben besprochenen Substanz Ecteinascidin-743 sind ungefähr 1000 Kilogramm der Seescheide notwendig. Manche dieser Arten weisen ohnehin eine beschränkte Verbreitung und geringe Artenzahlen auf. Die zunehmende Meeresverschmutzung, der Raubbau durch den Menschen und die zunehmende Nachfrage nach biogenen Substanzen für Medikamente führen daher zu einem großen Dilemma. Hier könnte in Zukunft die Gentechnik einen Ausweg bieten. Ein gangbarer Weg wäre, die entsprechenden Gene aus den ursprünglichen Organismen in das Erbgut von einfach zu kultivierenden Bakterien einzuschleusen, die dann die Synthese des Arzneimittels übernehmen.

Sekundäre Metaboliten sind – über die eingangs bereits erwähnte Schutzwirkung für den jeweiligen Organismus hinausgehend – von sehr hoher ökologischer Bedeutung. Pflanzen mit ungenießbaren Inhaltsstoffen leisten einen unglaublichen Beitrag zur Artenvielfalt von Ökosystemen. Oft profitieren davon auch

## Warum Meerwasser nicht heilend wirkt

Immer wieder wird von Urlaubern die völlig falsche Behauptung aufgestellt, dass Meerwasser heilend wirke. Meerwasser, auch das glasklare Wasser tropischer Regionen, enthält eine unglaubliche Vielzahl von Mikroorganismen, die im Falle einer Verletzung der Haut fast zwangsweise zu einer Infektion der Wunde führen. Einige der Mikroorganismen, insbesondere Bakterien der Gattung *Vibrio*, *Mycobacterium* und *Erysipelothrix*, können zu sehr schlimmen Infektionen führen, die erst nach Wochen und nach intensiver Behandlung abheilen. Derartige Infektionen sind unter anderem auch als *Fish Handlers' Disease* bekannt.[48] Bei Verletzungen, die durch scharfkantige Korallen entstehen, geraten oft auch Nesselzellen in die Wunde, was die Infektion noch verstärkt. Fakt ist, dass so gut wie jede auch sehr kleine Hautverletzung, die man sich bei einem Badeurlaub zuzieht, stark eitert und erst zu Hause nach dem Urlaub, wenn kein regelmäßiger Wasserkontakt mehr erfolgt, zu heilen beginnt.
Salzwasser kommt zwar in der Medizin zu Heilungszwecken zum Einsatz, aber nur in Form von steriler physiologischer Kochsalzlösung zur Wundreinigung oder zur Infusion.

andere Arten, die keine toxischen Inhaltsstoffe aufweisen, weil insgesamt weniger Aufwuchs- und Pflanzenfresser im jeweiligen Habitat vorhanden sind. Entfernt man die giftigen Arten, so verschwinden oft auch die ungiftigen. Dabei könnte man eigentlich vermuten, dass die ungiftigen aufgrund weniger direkter Konkurrenz um Lebensraum und Licht einen Vorteil hätten. Einige Aufwuchsfresser wie Schnecken, kleine Krabben und Würmer haben sich jedoch an die Aufnahme toxischer Pflanzeninhaltsstoffe angepasst und können diese aufgrund spezieller physiologischer Anpassungen tolerieren. Durch die Einlagerung der Substanzen in ihren Körper schützen sie sich vor Fischen, gegen die diese Inhaltsstoffe wirksam sind. Wenn die Pflanzen mit den giftigen Verbindungen entfernt werden, sind die Aufwuchsfresser aufgrund der fehlenden Abwehr den Fischen ausgeliefert und verschwinden aus dem Lebensraum. Die Einlagerung von fremden sekundären Metaboliten in den eigenen Körper wurde bereits im Kapitel über Nacktschnecken ausführlich behandelt.

Für die Forschung an Arzneimitteln aus dem Meer und für den Umweltschutz ist von Interesse, dass es – ein- und dieselbe Art betreffend – regionale Unterschiede bezüglich ihrer sekundären Metaboliten gibt. So findet man die Substanz Bryostatin, die aus Moostierchen gewonnen wird und eine effiziente Wirkung gegen menschliche Krebszellen aufweist, nur in ganz bestimmten Regionen. Es ist daher für den Erhalt der Substanzen für die Medizin und die medizinische Forschung völlig unzureichend, regionale Schutzprogramme zu starten.[303]

Die unglaublich hohe Zahl an bislang unbekannten Mikro- und Makroorganismen des Meeres mit ihrem riesigen Potenzial für die Arzneimittelforschung, die erst am Anfang ihrer Entwicklung steht, stellt uns vor ein weiteres Problem. Wir werden unzählige wertvolle sekundäre Metaboliten für den Einsatz bei Krebs, Allergien, Entzündungen usw. verlieren, noch bevor wir sie entdecken konnten.

*Röhrenschwamm (Haliclona mediterranea). Schwämme zählen gemeinsam mit den Seescheiden zu den vielversprechenden Quellen für Arzneimittel aus dem Meer, Mittelmeer (Kroatien, Istrien)*

# Aliens im Mittelmeer – Die Lessepssche Migration

Mit zwei sehr großen Bauwerken hat der Mensch das Mittelmeer stärker beeinflusst als jede andere marine biogeographische Region der Erde: mit dem Assuan-Staudamm und mehr noch mit dem Suezkanal.

Seit der Kanal 1869 für die Schifffahrt eröffnet wurde, besteht eine direkte Verbindung zwischen dem Roten Meer und dem Mittelmeer. Der Kanal ist 162 Kilometer lang, 200 bis 300 Meter breit und weist eine Tiefe von 10 bis 15 Metern auf. Er hat aber nicht nur enorme Vorteile für Seefahrt, Wirtschaft und Gütertransport. Der Bau des Suezkanals hat auch, mehr als jemals vermutet wurde, gravierende Auswirkungen auf die marinen Lebensräume. Es wurde eine geographische Barriere zwischen zwei Meeren entfernt, die unterschiedlichen biogeographischen Zonen angehören. Während das Rote Meer der Zone des tropischen Indopazifiks zugeordnet wird, zählt man das Europäische Mittelmeer zur temperierten atlantischen Zone.

Mittlerweile sind über 300 Arten bekannt, die über den Suezkanal vom Roten Meer ins Mittelmeer eingewandert sind (Schätzungen gehen allerdings von ungefähr 1000 aus), und etwas über 50, die den umgekehrten Weg vom Mittelmeer ins

Rote Meer genommen haben. Und es werden ständig mehr. Die Wanderung vom Roten Meer ins Mittelmeer wird nach dem Erbauer des Suezkanals, Ferdinand de Lesseps, als Lessepssche Migration bezeichnet. Wanderungen in umgekehrter Richtung werden Anti-Lessepssche Migration genannt.
Es gibt einige Gründe dafür, dass die Wanderung hauptsächlich vom Roten Meer ins Mittelmeer erfolgt: Im Mittelmeer ist die Artendichte und damit der Selektionsdruck auf die Einwanderer geringer. Dies ist nicht zuletzt auch aufgrund der dortigen Überfischung der Fall. Darüber hinaus weist das Rote Meer einen geringfügig höheren Wasserstand auf, so dass im Suezkanal fast das gesamte Jahr über eine leichte Strömung in Richtung Norden herrscht. Und schließlich stammen viele Arten des Mittelmeeres von Kaltwasser-Arten aus dem Atlantik ab. Eine Anpassung an die noch wärmeren Verhältnisse im Roten Meer ist für diese Arten schwierig.[304]

Zu den zweifellos unangenehmsten Einwanderern aus dem Roten Meer zählt die Schirmqualle *Rhopilema nomadica*, die in den 1970er Jahren in das Mittelmeer gelangte und sich seitdem in einem jährlichen Rhythmus entlang der Levantischen Küste stark vermehrt. Die nesselnden Quallen treten derart massenhaft auf, dass in betroffenen Gebieten bereits ein Rückgang im Tourismus zu beobachten ist. Die Quallen verstopfen die Zuleitungen von

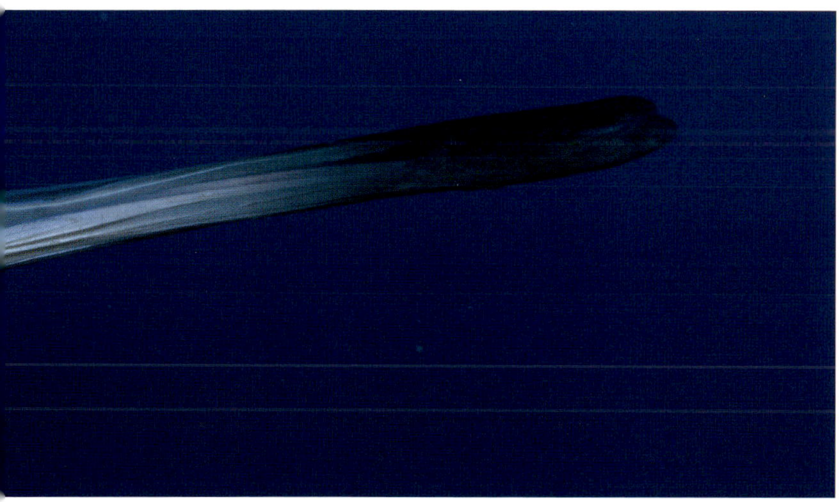

*Glatter Flötenfisch (Fistularia commersonii), Rotes Meer (Ägypten, El Quseir). Auch der Glatte Flötenfisch ist über den Suezkanal in das Mittelmeer eingewandert. Flötenfische sind mit den Seepferdchen und den Seenadeln verwandt.*

*Der Imperatorkaiserfisch (Pomacanthus imperator), hier eine Aufnahme aus dem Roten Meer, wurde auch schon im Mittelmeer gefunden. Dieser Kaiserfisch ist ein weiteres Beispiel für die recht häufige Blau-Gelb-Färbung von Korallenfischen (siehe Kapitel »Wieso sind Korallenfische bunt?« ab Seite 99).*

Kühlwasserleitungen der örtlichen Industrie und die Fischerei musste zeitweise eingestellt werden, weil Massen der Tiere die Netze verstopften und ein Aussortieren der in vergleichsweise geringer Zahl gefangenen Fische unmöglich machte. Man muss davon ausgehen, dass sich die Qualle in naher Zukunft ins Ionische Meer und in die Ägäis ausbreitet.[305]
2006 wurde erstmals der Diademseeigel *Diadema setosum* im Mittelmeer gesichtet. Ob er aus dem Roten Meer eingewandert ist oder von Aquarianern ausgesetzt wurde, ist jedoch noch unklar.[306]

Neben zahlreichen Krebstieren und Weichtieren[307, 308] sind auch viele Fische ins Mittelmeer eingewandert. Über die bereits erwähnten Gründe hinaus wird das auch dadurch begünstigt, dass im östlichen Mittelmeer die Artendichte der Fische relativ gering ist. 2008 wurden über 60 hier vormals unbekannte Fische gelistet. Sie machen damit immerhin fast 9 % der ursprünglichen Fischarten des Mittelmeeres bzw. 15 % der Fischarten seiner

östlichen Region aus.[309] Aufgrund intensiver Untersuchungen mussten die Zahlen schnell nach oben korrigiert werden und schon 2009 zählte man 74 eingewanderte Fischarten. Je nach Fangmethode werden in einigen Regionen des östlichen Mittelmeeres bereits bis über 40 % Fische gefangen, die ursprünglich aus dem Roten Meer stammen. Der natürliche Lebensraum der Einwanderer aus dem Roten Meer ist in deren Heimat meist der sandige Flachwasserbereich. Diese Fische bringen die besten Voraussetzungen mit, sich im Mittelmeer anzusiedeln und dort eine überlebensfähige Population aufzubauen.[310, 311, 312, 313]

Unter den eingewanderten Fischen sind auch sehr prominente Vertreter wie etwa der Imperatorkaiserfisch (Foto Seite 232), der Blauband-Papageifisch, eine Kugel- sowie eine Igelfischart, ein Vertreter der Fledermausfische sowie eine Flötenfischart. Aber auch der sehr giftige Indische Rotfeuerfisch *Pterois miles* (siehe Foto Seite 209) wurde schon im östlichen Mittelmeer entdeckt. Das Auftauchen eines oder einiger weniger Vertreter muss aber noch nicht heißen, dass sich diese Art erfolgreich im Mittelmeer angesiedelt hat, also auch fortpflanzen kann. Es ist durchaus denkbar, dass sich Einzelgänger ins Mittelmeer verirren, dort aber keine Population aufbauen können. Dies könnte insbesondere beim Imperatorkaiserfisch der Fall sein, der ein typischer Bewohner eines Korallenriffs ist und möglicherweise sogar aus dem Aquarien-Handel stammt.[314, 315, 316, 317, 318, 319]
Viele der aus dem Roten Meer eingewanderten Fischarten verbleiben jedoch nicht nur im Levantischen Meer. 2003 wurden neun Arten in der östlichen Adria nachgewiesen und einige Fischarten haben sich bereits im Westteil erfolgreich angesiedelt. Die Verbreitung der Einwanderer aus dem Roten Meer erfolgt von der Mündung des Suezkanals aus entgegen dem Uhrzeigersinn, also entlang der Küste Israels und Syriens in Richtung Norden, dann weiter entlang der Türkischen Küste in die Ägäis, die Adria und schließlich in das westliche Becken des Mittelmeeres. Einerseits sind dafür die großen Meeresströmungen verantwortlich, andererseits stellt das Nildelta im Westen des Suezkanals eine schwierig oder gar nicht zu überwindende Barriere niedrigen Salzgehalts dar.[309, 320]

Mit dem Einwandern des Kugelfisches *Lagocephalus sceleratus* aus dem Roten Meer ins Mittelmeer entwickeln sich zumindest zwei weitere Probleme im Mittelmeer-Raum. Erstens zählt der Fisch zu den sogenannten tetrodotoxischen Fischen. Kugelfische tragen in ihren Eingeweiden das hochwirksame Nervengift Tetrodotoxin, das wir schon im Kapitel über passiv giftige Fische kennengelernt haben und das auf den Menschen bereits ab einer Dosis von 2 Milligramm tödlich wirkt. Der Fisch wurde erstmals im Jahre 2003 im östlichen Mittelmeer entdeckt und bereits 2010 im zentralen Mittelmeer vor Tunesien. Schon bald nach der Erstentdeckung im Mittelmeer folgten die ersten Vergiftungen beim Menschen. Die Art breitet sich sehr schnell in der gesamten Ägäis aus.

Ein weiteres Problem ist, dass der Kugelfisch wahrscheinlich als sogenannter Vektor, also als Transportmittel für die Tetrodotoxin produzierenden Bakterien fungiert. So wurde das Gift bereits im Sommer 2009 in drei Schneckenarten an der Portugiesischen Atlantikküste nachgewiesen. Zwei der Arten kommen auch im Mittelmeer vor, unter anderem die Knotentragende Tritonschnecke (*Charonia lampas*).[321, 322] Noch ist zwar unklar, wie sich diese Entwicklungen fortsetzen, aber es ist zu befürchten, dass in den kommenden Jahrzehnten die eine oder andere ökologische Katastrophe auf das Mittelmeer und den Ostatlantik zukommt, ursprünglich ausgelöst durch den Bau des Suezkanals.

**Suezkanal oder Aquarium**

Die Herkunft mancher Fremdlinge ist ungewiss

Die beiden wichtigsten Faktoren, von denen eine Einwanderung vom einen in das andere Meer abhängt, sind die Wassertemperatur und der Salzgehalt. Die Unterschiede zwischen dem Roten Meer und dem östlichen Mittelmeer sind zwar nicht sehr groß – der Bereich hat viele Ähnlichkeiten mit einem tropischen Meer – werden aber nicht von jeder Art toleriert. Die globale Erwärmung der kommenden Jahrzehnte wird die Lessepssche Migration unterstützen, da ein deutlicher Temperaturanstieg des Mittelmeeres erwartet wird. Früher mussten die Organismen bei der Wanderung durch den Suezkanal noch die beiden sehr salzreichen Bitterseen überwinden, die der Suezkanal durchquert. Mittlerweile wurden die Salze aus den Bitterseen allerdings weitgehend ausgeschwemmt und deren zunehmende Verschmutzung spielt möglicherweise bereits die wichtigere limitierende Rolle.

Die langfristig erfolgreiche Ansiedelung im jeweils anderen Meer gelingt daher vor allem eurythermen und euryhalinen Arten, das sind jene Arten, die eine große Toleranz hinsichtlich Temperatur und Salzgehalt aufweisen. Um die Fortpflanzung zu ermöglichen, ist es aus Sicht der aus dem Roten Meer ins Mittelmeer eingewanderten Art von großer Bedeutung, dass die Wassertemperaturen im Sommer hoch genug sind und dass die niedrigste Temperatur im Winter nicht die zum Überleben erforderliche Mindesttemperatur unterschreitet.

Neben der Toleranz den neuen Umwelteinflüssen gegenüber sind jedoch oft auch Anpassungen im Verhalten notwendig, damit eine durch Lessepssche Migration eingewanderte Art überleben kann. Bei einigen Fischarten, die sich im Roten Meer das gesamte Jahr über vermehren, wurde beobachtet, dass sich diese im Mittelmeer nur mehr in den warmen Sommermonaten fortpflanzen. Um konkurrenzfähig zu sein, muss diese reduzierte Reproduktionsmöglichkeit aber immer noch genügend Nachkommen hervorbringen. Und auch die Nahrungsaufnahme muss angepasst werden, denn die im heimischen Lebensraum vorhandenen Organismen stehen in der neuen Umgebung meistens nicht zur Verfügung. Um sich an den neuen Lebensraum anzupassen, leben viele eingewanderte Tiere im Mittelmeer auch in anderen Meerestiefen als ihre Artgenossen im Roten Meer.

Andererseits sind viele Einwanderer für die bestehende Fauna des Mittelmeeres eine willkommene Nahrungsquelle. Funde von Muschelschalen von Vertretern aus dem Roten Meer, die von räuberischen Schnecken des Mittelmeeres angebohrt und gefressen wurden, belegen das. In diesem und vielen anderen Fällen fand also eine Integration der Eindringlinge in bestehende Nahrungsnetze statt.[323]

Einige eingewanderte Arten im Mittelmeer besiedeln möglicherweise bislang unbesetzte ökologische Nischen und stellen somit keine oder nur eine geringe Konkurrenz für die heimischen Organismen dar. Bei anderen Einwanderern hingegen besteht die Gefahr, dass sie mit den ursprünglichen Arten des Mittelmeeres in Konkurrenz treten und diese durch interspezifische Konkurrenz auslöschen. Die langfristigen Auswirkungen solcher durch Eingriffe des Menschen verursachten Veränderungen aquatischer

Ökosysteme werden oftmals völlig unterschätzt. Niemand kann heute mit Sicherheit sagen, wie sich die Zuwanderung auf die Fischerei, die Wirtschaft, den Tourismus sowie auf das gesamte ökologische Gleichgewicht des Mittelmeeres auswirken wird. Fakt ist, dass die Einwanderer im Mittelmeer andere Lebensbedingungen vorfinden als in ihrer ursprünglichen Heimat. Dadurch wird es vermutlich zu einer schnellen Divergenz der beiden Populationen einer Art kommen und es werden auf diesem Wege neue Arten entstehen. Eines ist jedoch jetzt schon sicher: Die Bestimmungsbücher für das Mittelmeer müssen regelmäßig überarbeitet werden.

*Rechte Seite: Riesenmuschel der Gattung Tridacna. Der intensiv blaue Bereich, der sogenannte Mantelrand, wird dem Licht ausgesetzt, da in diesem Bereich die symbiontischen Zooxanthellen in das Gewebe eingelagert sind. Diese betreiben Photosynthese und versorgen die Muschel mit Nährstoffen. Rotes Meer (Ägypten, El Quseir).*

# Fachbegriffe

**Aminosäure:** Aminosäuren sind die Bausteine der Eiweiße (Proteine).

**Anthropogen** bedeutet vom Menschen geschaffen oder verursacht.

**Aposematismus:** Wenn Organismen durch sehr markante Warnfärbungen auffallen, spricht man von Aposematismus. In der Regel wird dadurch auf die Giftigkeit oder Ungenießbarkeit des jeweiligen Organismus aufmerksam gemacht. Aposematismus ist das Gegenteil von Tarnung.

**Autotomie:** Unter Autotomie versteht man die Fähigkeit von Organismen, ganze Körperteile abzuschnüren oder abzuwerfen, die meistens wieder nachgebildet werden. Beispiele: Abwerfen des Schwanzes von Eidechsen bei Gefahr; Abschnüren von Körperteilen von Stachelhäutern (z. B. Seesternen) zur asexuellen Vermehrung. Siehe auch Fissiparie. Einige Autoren beschränken den Begriff Autotomie auf das Abwerfen von Körperteilen zur Feindabwehr. Nach dieser strengeren Definition wäre das z. B. bei Seesternen zur Vermehrung dienende Abschnüren von Armen nicht als Autotomie zu bezeichnen.

**Benthisch:** Bei Lebewesen, die den Meeresboden bewohnen, spricht man von benthischer Lebensweise. Vergl. auch pelagisch.

**Biodiversität:** Biodiversität ist ein Synonym für biologische Vielfalt. Obwohl mit hoher Biodiversität meist auch eine hohe Artenzahl einhergeht, sind diese Begriffe nicht gleichzusetzen. Mit Biodiversität sind auch die vielen unterschiedlichen Funktionen der Lebewesen, die sie in ihrem Lebensraum übernehmen, gemeint. Es gibt etwa in tropischen Regenwäldern kriechende, kletternde, fliegende Tiere und innerhalb jeder dieser Lebensbereiche gibt es Vertreter aus völlig unterschiedlichen systematischen Gruppen. Lebensräume mit einer hohen Zahl ökologischer Nischen wie Korallenriffe oder der tropische Regenwald weisen eine hohe Biodiversität auf.

**Bioerosion:** Üblicherweise erfolgt Erosion, also das Abtragen von Boden oder Gestein, durch Umwelteinflüsse wie Regen oder Wind. Erfolgt die Erosion durch Organismen, so spricht man von Bioerosion.

**Biomagnifikation:** Als Biomagnifikation bezeichnet man die Anreicherung toxischer Substanzen in der Nahrungskette. Während die toxischen Substanzen am Beginn der Nahrungskette, also zum Beispiel in Phyto- und Zooplankton, noch in unbedenklichen

Konzentrationen vorliegen, kommt es in höheren Trophie-Ebenen, insbesondere bei den Räubern, zu so starker Anreicherung, dass der Genuss dieser Tiere giftig ist.

**Cerata:** Die Fortsätze am Rücken von Meeresschnecken werden Cerata (Einzahl: Ceras) genannt. Es handelt sich dabei um Hautausstülpungen, die dem Gasaustausch und bei einigen Arten auch dem Fraßschutz dienen.

**Chloroplasten:** Chloroplasten sind jene subzellulären Strukturen (Organellen) von Algen- und Pflanzenzellen, in denen die Reaktionen der Photosynthese ablaufen. Sie sind also die für Pflanzen und Algen notwendigen Strukturen für die Energiegewinnung. Chloroplasten kommen ausschließlich in Algen- und Pflanzenzellen vor. Allerdings können manche Tiere Chloroplasten über die Nahrung aufnehmen und in ihrem Körper einlagern.

**Coral Bleaching:** Bei erhöhten Wassertemperaturen stoßen Korallen ihre symbiontischen und farbgebenden Algen an das umgebende Wasser ab und bleichen dadurch aus. Dieser Vorgang wird als Coral Bleaching oder Korallenbleiche bezeichnet.

**Destruenten:** Sind die letzte Stufe im Nahrungsnetz und sorgen für den Abbau und die Remineralisierung von organischem Material (abgestorbenem Tier- und Pflanzenmaterial). Durch die Destruenten werden den Pflanzen die notwendigen Nährstoffe geboten und der Kreislauf der Nährstoffe schließt sich. Siehe auch Produzenten und Konsumenten.

**Dhoni:** Maledivisches Holz-Schiff.

**Dinoflagellaten:** Die Dinoflagellaten, auch als Panzergeißler bezeichnet, sind eine sehr formenreiche Gruppe ein- oder mehrzelliger Algen, die zwei Geißeln (biologisch auch Flagellen genannt, daher der Name Dinoflagellaten) haben, die der Fortbewegung dienen. Die meisten Arten sind Vertreter des Planktons. Zu den Dinoflagellaten zählen zum Beispiel die Zooxanthellen (Gattung *Symbiodinium*). Auch Algen der Gattung *Gymnodinium,* die die Red Tide (Seite 208) erzeugen, sowie die für das Meeresleuchten verantwortliche Alge der Gattung *Noctiluca* gehören dazu.

**Endozytose:** Prozess der Aufnahme von festen Stoffen ins Innere einer Zelle durch Einstülpung der Zelloberfläche.

**Endemisch:** Eine Art, deren Vorkommen auf eine räumlich scharf begrenzte Region beschränkt ist (z. B. auf ein Randmeer, ein Mittelmeer oder einen See), nennt man endemisch.

**Euryhalin:** Euryhaline Organismen haben eine große Toleranz hinsichtlich der

Salzkonzentration des Wassers. Manche Organismen können zum Beispiel sowohl in Meerwasser als auch in Brackwasser überleben. Siehe auch stenohalin.

**Eurytherm:** Organismen, die in einem breiten Temperaturbereich leben können, also eine hohe Temperaturtoleranz aufweisen, nennt man eurytherme Organismen. Siehe auch stenotherm.

**Fissiparie:** Wenn sich ein Organismus durch Abschnüren von Körperteilen und anschließende Regeneration beider Teile zu zwei vollständigen Organismen fortpflanzt, spricht man von Fissiparie oder von fissiparer Fortpflanzung. Siehe auch Autotomie.

**Fluoreszenz:** Von Fluoreszenz spricht man, wenn ein Gegenstand oder ein Lebewesen eine bestimmte Wellenlänge (also eine ganz bestimmte Farbe) des sichtbaren Lichtes absorbiert und in energieärmerer Form wieder abgibt. Das abgegebene Licht ist daher immer längerwelliger als das absorbierte und daher im Vergleich zum absorbierten Licht in Richtung der Farbe Rot verschoben.

**Image Scoring:** Man spricht von Image Scoring, wenn ein Tier durch besondere Verhaltensweisen sein Image bei anderen verbessert. Dies ist ein wichtiges Verhalten, das Kooperationen fördert bzw. im positiven Sinne beeinflusst.

**Interspezifische Konkurrenz:** Konkurrenz zwischen zwei verschiedenen Arten oder Populationen zweier Arten.

**Intraspezifische Konkurrenz:** Konkurrenz zwischen zwei Individuen einer Art oder zwischen zwei Populationen einer Art.

**IUCN:** *International Union for Conservation of Nature*. Weltweites Netzwerk für Erhaltung und Schutz der Natur, dem sich weltweit über 100 Regierungen und viele Tausend freiwillige Wissenschaftler angeschlossen haben. Die Rote Liste der gefährdeten Arten wird von der IUCN erstellt.

**Klaspern:** Begattungsorgane der männlichen Knorpelfische, die im Laufe der Evolution aus den Bauchflossen entstanden sind.

**Kleptoplastiden:** Auch als Kleptochloroplasten bezeichnet. Bedeutet wörtlich übersetzt »gestohlene Chloroplasten«. Chloroplasten aus Algen- oder Pflanzenzellen können von manchen Tieren über die Nahrung aufgenommen und in das körpereigene Gewebe eingelagert werden. Dabei verlieren sie ihre Funktion nicht, betreiben daher weiterhin Photosynthese und versorgen so das Tier mit energiereichen Photosyntheseprodukten.

**Kleptocniden:** Bedeutet wörtlich übersetzt »gestohlene Nesselkapseln«. Fremde Nesselkapseln werden über die Nahrung aufgenommen, ohne dass sie sich entladen. Anschließend werden sie ins körpereigene Gewebe eingelagert und dienen so dem Fraßschutz und somit der Feindabwehr. Dies ist z.B. bei der systematischen Gruppe der Fadenschnecken der Fall.

**Kommensalismus:** Lebensgemeinschaft von zwei Arten, die für eine der beiden von Vorteil ist, ohne dass die andere darunter leidet.

**Konkurrenz:** Wettbewerb um eine Ressource wie zum Beispiel Nahrung, Lebensraum, Nistplatz, Fortpflanzungspartner. Siehe auch interspezifische und intraspezifische Konkurrenz.

**Konsumenten:** Sind die Lebewesen ab der zweiten Stufe im Nahrungsnetz. Sie ernähren sich entweder von Pflanzen und werden dann Konsumenten erster Ordnung genannt, oder von Tieren (Konsumenten 2. und 3. Ordnung). Siehe auch Produzenten und Destruenten.

**Korallenbleiche:** Siehe Coral Bleaching.

**LD50:** Als LD50 eines Giftes wird jene Dosis bezeichnet, bei der im Tierversuch 50 % der Versuchstiere sterben. Sie wird meist in Milligramm (mg), Mikrogramm (µg) oder Nanogramm (ng) pro kg Körpergewicht angegeben (LD = Letale Dosis; *lethal dose*).

**Lebendes Fossil:** Eine Art, die sich seit vielen Millionen Jahren nicht oder nur sehr geringfügig verändert hat. In der Regel war sie einstmals sehr weit verbreitet. Viele Lebende Fossilien waren bis zu ihrer Entdeckung nur aus fossilen Funden bekannt. Sie galten als ausgestorben. Oft stellen sie das Bindeglied zwischen unterschiedlichen Organismengruppen dar. Bekannte Beispiele sind der Quastenflosser und der Ginkgo-Baum.

**Metabolit:** Fachbegriff für ein Zwischenprodukt im Stoffwechsel von Tieren oder Pflanzen. Sowohl die Produktion von Zucker oder Stärke über die Photosynthese als auch der Abbau dieser energiereichen Verbindungen, zum Beispiel nach der Nahrungsaufnahme, läuft über eine Vielzahl einzelner chemischer Reaktionen ab. Die dabei entstehenden Zwischenprodukte nennt man Metaboliten.

**Metamorphose:** Viele Tiere durchlaufen während ihres Lebens verschiedene Entwicklungsstadien. Diese Stadien unterscheiden sich sehr stark in der Morphologie der Tieres, im genutzten Lebensraum und/oder der Nahrungsaufnahme. Die Phase des Überganges von einem zum anderen Stadium ist üblicherweise im Vergleich zum restlichen Leben relativ kurz und wird Metamorphose genannt. Beispiele: Metamorphose der Insekten von der Larve zur Puppe zum Adulttier; Metamorphose der Stachelhäuter von der pelagisch lebenden Larve zum benthisch lebenden Adulttier.

**Mikrohabitat:** Ist der typische Lebensraum einer Art, deren Lebensraum klein ist und eine scharfe Grenze hat (Beispiel: Sandlückenraum, Gezeitenzone). Siehe auch Ökologische Nische.

**Mimese:** Eine Form der Tarnung, bei der ein Lebewesen seine Umwelt in Form und Farbe imitiert, nennt man in der Biologie Mimese. Andere Arten der Tarnung sind zum Beispiel die chemische Tarnung der Anemonenfische oder die Gestaltsauflösung von Zebras.

**Mimikry:** Von Mimikry spricht man, wenn ein harmloses Tier durch Aussehen (Färbung, Körperform, ...) und/oder Verhalten ein gefährliches Tier nachahmt oder wenn ein gefährliches Tier das Aussehen und/oder das Verhalten eines ungefährlichen imitiert (»Schaf im Wolfspelz« bzw. »Wolf im Schafspelz« = aggressive Mimikry).

**Mutualismus:** Auch als obligatorische Symbiose bezeichnet. Lebensgemeinschaft von zwei Arten, die beiden Vorteile bietet und für beide lebensnotwendig ist.

**Nahrungskette:** Den Energiefluss, der über die Nahrungsaufnahme erfolgt und bei dem chemische Energie von der Pflanze an den Pflanzenfresser und von diesem an den Räuber weitergegeben wird, bezeichnet man als Nahrungskette. So wird zum Beispiel eine Alge von einem Kleinkrebs gefressen, der Kleinkrebs von einem Korallenfisch und schließlich der Korallenfisch von einem Hai. Stellt man diese Zusammenhänge gedanklich oder auf Papier grafisch dar, so ergibt sich eine Linie – die Nahrungskette. Fast immer sind die tatsächlichen Zusammenhänge aber nicht so einfach, die einzelnen Knotenpunkte der Linie haben Verzweigungen. Man spricht daher auch von Nahrungsnetzen.

**Nahrungsnetz:** Nur sehr selten weisen Nahrungsketten keine Verzweigungen auf. Denn meistens hat eine Art mehrere Fressfeinde und frisst auch selbst mehr als eine Art. Verbindet man alle Räuber-Beute-Beziehungen in einem Lebensraum gedanklich miteinander, so entsteht daher fast immer ein Nahrungsnetz und keine Nahrungskette.

**Nekton:** Lebewesen des freien Wassers, die sich aktiv fortbewegen und deren Schwimmrichtung im Gegensatz zum Plankton nicht von der Meeresströmung bestimmt wird.

**Nickhaut:** Bindehautfalte am Auge von Haien und einigen anderen Wirbeltieren, die beim Fressen als Schutzmaßnahme über das Auge geschoben wird.

**Ökologische Nische:** Steht sinnbildlich für die Funktion, die eine Art im Ökosystem übernimmt. Der Begriff »Nische« ist hier nicht wörtlich zu nehmen! Siehe auch Mikrohabitat.

**Ökologie:** Ist die Lehre von den Organismen und deren Beziehungen zu ihrer Umwelt.

**Ökologische Prägung:** Prägung auf einen Umweltfaktor wie Nahrung, heimischen Lebensraum, Wirtsauswahl bei parasitisch lebenden Tieren oder auf ein bestimmtes Habitat.

**Ökosystem:** Die Gesamtheit aller Lebewesen und ihrer Umwelt in einem definierten, begrenzten Gebiet. Die Grenze eines Ökosystems ist meistens durch sich rasch ändernde Umweltbedingungen erkennbar (starker Gradient abiotischer Faktoren). So zählt etwa der Strand nicht mehr zum Ökosystem Korallenriff, die an einen Wald grenzende Wiese nicht mehr zum Ökosystem Wald.

**Organellen:** Analog zu den Organen besitzt jede Zelle eines Lebewesens Organellen. Organellen sind Strukturen innerhalb der Zelle, die ganz bestimmte Funktionen übernehmen. Beispiele für Organellen sind der Zellkern (er enthält das Erbgut) oder die für die Photosynthese notwendigen Chloroplasten.

**Ovuliparie:** Tiere, die Eier ablegen, die erst außerhalb des Körpers befruchtet werden und heranreifen, sind ovulipar. Die meisten Knochenfische sind ovulipar. Siehe auch Viviparie und Ovoviviparie.

**Ovoviviparie:** Tiere, deren Nachkommen im Mutterleib im Ei heranwachsen und reifen, dann aber noch im Mutterleib schlüpfen und lebend zur Welt gebracht werden, nennt man ovovivipar (ei-lebendgebärend). Der Übergang zu anderen Formen der Fortpflanzung ist fließend. In manchen Fällen schlüpfen die Nachkommen nicht im Mutterleib, sondern unmittelbar nach der Eiablage. In jedem Fall erfolgt bei ovoviviparen Tieren eine innere Befruchtung, also eine Befruchtung der Eizelle im Inneren des Muttertieres. Viele Knorpelfische sind ovovivipar. Siehe auch Viviparie und Ovuliparie.

**Parasitismus:** Lebensgemeinschaft von zwei Arten, aus der eine von beiden einen Vorteil erlangt und die zweite Art gehemmt oder geschädigt wird.

**Pelagisch:** Bei Lebewesen, die im Freiwasser, also nicht bodengebunden, leben, spricht man von pelagischer

Lebensweise. Man unterscheidet dabei das Plankton vom Nekton. Vergleiche auch benthisch.

**Philopatrie:** Philopatrische Organismen kehren, um ihre Nachkommen auf die Welt zu bringen, immer wieder an ihren eigenen Geburtsort zurück. Philopatrie ist vor allem unter Vögeln, Fischen und Reptilien verbreitet.

**Plankton:** Sämtliche Organismen des freien Wasserkörpers, die sich nicht aktiv gegen Meeresströmungen bewegen können, werden als Plankton bezeichnet. Viele planktontisch lebende Organismen sind zwar prinzipiell in der Lage, sich fortzubewegen, ihre Netto-Bewegungsrichtung wird aber im Gegensatz zum sogenannten Nekton dennoch von der Meeresströmung bestimmt.

**Population:** Die Gesamtheit aller Vertreter einer Art, die in einem bestimmten, begrenzten Areal leben, nennt man Population. Da sie sich aufgrund der räumlichen oder geografischen Trennung von anderen Vertretern ihrer Art vor allem untereinander fortpflanzen, sind sie sich genetisch ähnlicher, also näher miteinander verwandt, als mit Vertretern, die in anderen Arealen leben. Zum Beispiel stellen alle Karpfen in einem bestimmten See eine Population dar.

**Prägung:** Irreversible Form des Lernens, die meist in einem ganz bestimmten, »sensiblen« Alter erfolgt. Dabei wird eine Verhaltensweise erworben, die ein Leben lang bestehen bleibt und oft den Eindruck erweckt, angeboren zu sein.

**Produzenten:** Werden auch als Primärproduzenten bezeichnet und sind die Photosynthese betreibenden Pflanzen, Algen und Einzeller. Die Produzenten sind der Beginn jeder Nahrungskette bzw. jedes Nahrungsnetzes. Siehe auch Konsumenten und Destruenten.

**Proteine:** Umgangssprachlich auch Eiweiße genannt, zählen Proteine zu den Grundbausteinen aller Organismen. Es handelt sich dabei um relativ große Moleküle, die aus vielen einzelnen, perlschnurartig aneinandergereihten Bausteinen bestehen, den Aminosäuren.
Je nach Anordnung der 20 unterschiedlichen Aminosäuren, die für den Aufbau von Proteinen in Frage kommen, hat das resultierende Protein völlig unterschiedliche Eigenschaften: Neben unzähligen anderen Aufgaben dient ein Protein zum Beispiel als Antikörper der Immunabwehr, beschleunigt als Enzym chemische Reaktionen im Organismus oder fungiert in Form eines Hormons als Botenstoff, um bestimmte metabolische Prozesse anzuregen.

**Proterandrie** (auch **Protandrie**; Vormännlichkeit): Im Verlauf des Lebens eines entsprechenden Organismus sind anfangs die männlichen Keimdrüsen ausgebildet, später die weiblichen. Es handelt sich also um ein zunächst funktionelles Männchen, später funktionelles Weibchen. Biologisch korrekt werden diese Organismen als proterandrische Zwitter bezeichnet. Siehe auch Proterogynie.

**Proterogynie** (Vorweiblichkeit): Im Verlauf des Lebens eines entsprechenden Organismus sind anfangs die weiblichen Keimdrüsen ausgebildet, später die männlichen. Der Organismus ist also zuerst ein funktionelles Weibchen, später ein funktionelles Männchen. Biologisch korrekt werden diese Organismen als proterogynische Zwitter bezeichnet. Siehe auch Proterandrie.

**Protokooperation:** Lebensgemeinschaft von zwei Arten, die beiden Vorteile bietet. Die Arten können auch ohne den Partner überleben.

**Rote Liste:** Ist die von der IUCN erstellte Liste der gefährdeten Arten. Offizieller Name ist *The IUCN Red List of Threatened Species™*. Siehe auch IUCN.

Sekundäre Metaboliten: Manche chemische Verbindungen, die in Organismen synthetisiert werden, dienen nicht dem Bau- und Betriebsstoffwechsel und sind daher nicht unbedingt zum Überleben notwendig. Da sie meist aber als Fraßschutz, als Schutz vor Mikrobenbefall oder zur Kommunikation dienen, sind sie dennoch von großer Bedeutung für den Organismus. Man nennt diese Substanzen sekundäre Metaboliten.

Stenohalin: Stenohaline Organismen haben eine geringe Toleranz hinsichtlich der Salzkonzentration des Wassers und können nur in einem sehr engen Konzentrationsbereich überleben. Siehe auch euryhalin.

**Stenotherm:** Stenotherme Organismen haben eine geringe Toleranz hinsichtlich der Temperatur und können nur in einem sehr engen Temperaturbereich überleben. Siehe auch eurytherm.

**Symbiose:** Mit diesem Begriff wird das Zusammenleben zweier Arten bezeichnet, ohne diese zu werten. Die Symbiose kann also alle möglichen Kombinationen von beiderseitigem Vorteil bis zu beiderseitigem Nachteil umfassen. Manche Autoren, insbesondere im deutschen Sprachgebrauch, bezeichnen Mutualismus als Symbiose. Dies ist jedoch nicht die im Sinne von Odum[220] publizierte Bezeichnung. Siehe auch Kommensalismus, Mutualismus, Parasitismus und Protokooperation.

Trophie-Ebene: In Nahrungsketten bzw. Nahrungsnetzen gibt es unterschiedliche Trophie-Ebenen: Die Produzenten (Pflanzen), die Konsumenten (Tiere) und die Destruenten (Mikroorganismen).

**Viviparie:** Tiere, deren Nachkommen sich im Mutterleib entwickeln und dort heranwachsen, um schließlich lebend geboren zu werden, nennt man vivipar (lebendgebärend). Die Versorgung des Embryos erfolgt dabei häufig, aber nicht zwingend, über eine Plazenta. Die meisten Säugetiere sind vivipar. Siehe auch Ovoviviparie und Ovuliparie.

Zooxanthellen: Zooxanthellen sind einzellige Algen, die in Symbiose mit Korallen, Muscheln, Schnecken, Quallen und anderen Tiergruppen leben. Sie leben im Körper der Symbiosepartner und versorgen diese mittels Photosynthese mit energiereichen Produkten wie Zucker und Stärke.

# Literatur


1 Warmer Waters More Deadly to Corals than Pollution. Normile D. Science, Oct 2000, 290, 682-683.

2 Coral Bleaching – How and Why? Douglas AE. Mar Pollut Bull (2003), 46, 385-392.

3 Low Symbiont Diversity in Southern Great Barrier Reef Corals, Relative to those of the Caribbean. LaJeunesse TC, Loh WKW, Van Woesik R, Hoegh-Guldberg O, Schmidt GW, Fitt WK. Limnol Oceanog, 2003, 48(5), 2046-2054.

4 Coral Bleaching as an Adaptive Mechanism. Buddemeier RW, Fautin DG. BioScience, 1993, 43(5), 320-326.

5 Coral Reef: Reef Corals Bleach to Survive Change. Baker AC. Nature, June 2001, 411 765-766.

6 Corals' Adaptive Response to Climate Change. Baker AC, Starger CJ, McClanahan TR, Glynn PW. Nature, Aug 2004, 430, 741.

7 A World Without Corals? Stone R. Science, May 2007, 316, 678-681.

8 Coral Health and Disease. Rosenberg E, Loya Y, Springer Verlag, 2004, ISBN 3540207724.

9 Coral Adaptation in the Face of Climate Change. Baird A, Maynard JA. Science, Apr 2008, 320, 315-316.

10 Coral Chronometers: Seasonal Growth Bands in Reef Corals. Knutson DW, Buddemeier RW. Science, Jul 1972, 177, 270-272.

11 Ocean Warming Slows Coral Growth in the Central Red Sea. Cantin NE, Cohen AL, Karnauskas KB, Tarrant AM, McCorkle DC. Science, Jul 2010, 329, 322-325.

12 One-Third of Reef-Building Corals Face Elevated Extinction Risk from Climate Change and Local Impacts. Carpenter KE, Abrar M, Aeby G, Aronson RB, Banks S, Bruckner A, Chiriboga A, Cortés J, Delbeek JC, DeVantier L, Edgar GJ, Edwards, AJ, Fenner D, Guzmán HM, Hoeksema BW, Hodgson G, Johan O, Licuanan WY, Livingstone SR, Lovell ER, Moore JA, Obura DO, Ochavillo D, Polidoro BA, Precht WF, Quibilan MC, Reboton C, Richards ZT, Rogers AD, Sanciangco J, Sheppard A, Sheppard C, Smith J, Stuart S, Turak E, Veron JEN, Wallace C, Weil E, Wood E. Science, Jul 2008, 321, 560-563.

13 Declining Coral Calcification on the Great Barrier Reef. De'ath G, Lough JM, Fabricius KE. Science, Jan 2009, 323, 116-119.

14 Calcification Rates Drop in Australian Reefs. Pennisi E. Science, Jan 2009, 323, 27.

15 Climate Change, Human Impacts, and the Resilience of Coral Reefs. Hughes TP, Baird AH, Bellwood DR, Card M, Connolly SR, Folke C, Grosberg R, Hoegh-Guldberg O, Jackson JBC, Kleypas J, Lough JM, Marshall P, Nyström M, Palumbi SR, Pandolfi JM, Rosen B, Roughgarden J. Science, Aug 2003, 301, 929-933.

16 Climate and Atmospheric History of the Past 420,000 Years from the Vostok Ice Core, Antarctica. Petit JR, Jouzel J, Raynaud D, Barkov NI, Barnola J-M, Basile I, Bender M, Chappellaz J, Davis M, Delaygue G, Delmotte M, Kotlyakov VM, Legrand M, Lipenkov VY, Lorius C, Pépin L, Ritz C, Saltzman E, Stievenard M. Nature, June 1999, 399, 429-436.

17 Ocean Acidification due to Increasing Atmospheric Carbon Dioxide. The Royal Society, Policy document 12/2005, ISBN 0854036172.

18 Marine Calcifiers in a High-$CO_2$ Ocean. Fabry VJ. Science, May 2008, 320, 1020-1022.

19 Preindustrial to Modern Interdecadal Variability in Coral Reef pH. Pelejero C, Calvo E, McCulloch MT, Marshall JF, Gagan MK, Lough JM, Opdyke BN. Science, Sept 2005, 309, 2204-2207.

20 Meereskunde. Ott J. UTB, Eugen Ulmer Verlag, Hohenheim, Deutschland, 1988, ISBN 3800125846.

21 Anthropogenic Carbon and Ocean pH. Caldeira K, Michael E, Wicket ME. Nature, Sept 2003, 425, 365.
22 Status of Coral Reefs of the World: 2000. Edited by Clive Wilkinson. Global Coral Reef Monitoring Network, Australian Institute of Marine Science, 2000, ISBN 0642322090.
23 Global Warming Identified as Main Threat to Coral Reefs. Pockley P. Nature, Oct 2000, 407, 932.
24 Die Ansäuerung der Meere. Wild C, Jantzen C. GIT Laborfachzeitschrift 1/2012, 36-38.
25 Coral Reefs Under Rapid Climate Change and Ocean Acidification. Hoegh-Guldberg O, Mumby PJ, Hooten AJ, Steneck RS, Greenfield P, Gomez E, Harvell CD, Sale PF, Edwards AJ, Caldeira K, Knowlton N, Eakin CM, Iglesias-Prieto R, Muthiga N, Bradbury RH, Dubi A, Hatziolos ME. Science, Dec 2007, 318, 1737-1742.
26 Rising Acidity Brings an Ocean of Trouble. Service RF. Science, Jul 2012, 337, 146-148.
27 Rapid Progression of Ocean Acidification in the California Current System. Gruber N, Hauri C, Lachkar Z, Loher D, Frölicher TL, Plattner G-K. Science, Jul 2012, 337, 220-223.
28 Complexities of Coral Reef Recovery. Hoegh-Guldberg O. Science, Jan 2006, 311, 42-43.
29 High Complexity Food Webs in Low-diversity Eastern Pacific Reef–Coral Communities. Glynn PW. Ecosystems, 2004, 7(4), 358-367.
30 Understanding Coral Bleaching Across Four Oceans - Addressing CBD's Specific Workplan on Coral Bleaching. Vestergaard O, Hoegh-Guldberg O, Unluata U. Convention of Biological Diversity, SBSTTA 8, 2003, Montreal, Canada.
31 Confronting the Coral Reef Crisis. Bellwood DR, Hughes TP, Folke C, Nyström M. Nature, June 2004, 429, 827-833.
32 Sequestration of Dietary Alkaloids by the Spongivorous Marine Mollusc *Tylodina perversa*. Thoms C, Ebel R, Hentschel U, Proksch P. Z Naturforsch C, 2003, 58(5-6), 426-432.
33 Dynamics of Algal Secondary Metabolites in Two Species of Sea Hare. Rogers CN, De Nys R, Charlton TS, Steinberg PD. J Chemi Ecol, 2000, 26(3), 721-744.
34 Chemical Defenses of Cryptic and Aposematic Gastropterid Molluscs Feeding on their Host Sponge *Dysidea granulosa*. Becerro MA, Starmer JA, Paul VJ. J Chem Ecol, 2006, 32(7), 1491-1500.
35 Kahalalides V–Y Isolated from a Hawaiian Collection of the Sacoglossan Mollusk *Elysia rufescens*. Rao KV, Na MK, Cook JC, Peng J, Matsumoto R, Hamann MT. J Nat Prod, 2008, 71(5), 772-778.
36 Dorid Nudibranch Elaborates Its Own Chemical Defence. Cimino G, De Rosa S, De Stefano S, Sodano G, Villani G. Science, Mar 1983, 219, 1237-1238.
37 *De Novo* Terpenoid Biosynthesis by the Dendronotid Nudibranch *Melibe leonina*. Barsby T, Linington RG, Andersen RJ. Chemoecology, 2004, 12(4), 199–202.
38 Symbiosis Between The Zooxanthella *Symbiodinium* (= *Gymnodinium*) *microadriaticum* (Freudenthal) and Four Species of Nudibranchs. Kempf SC. Biol Bull, 1984, 166, 110-126.
39 Photosynthesis and Retention of Zooxanthellae and Zoochlorellae Within the Aeolid Nudibranch *Aeolidia papillosa*. McFarland FK, Muller-Parker GM. Biol Bull, 1993, 184, 223-229.
40 Opisthobranchia (Mollusca, Gastropoda) – More Than Just Slimy Slugs. Shell Reduction and its Implications on Defence and Foraging. Wägele H, Klussmann-Kolb A. Frontiers in Zoology, 2005, 2.
41 Einführung in die Verhaltensökologie. Krebs JR, Davies NB. Thieme Verlag, 1984. ISBN 3136547012.
42 Lowered Nutritional Quality Supplements Nudibranch Chemical Defense. Penney BK. Oecologia, 2002, 132, 411-418.
43 Fauna und Flora des Mittelmeeres. Riedl

R. Paul Parey Verlag, Hamburg und Berlin, 1983. ISBN 3490234189.
44 Mediterranean Nudibranchs. Pontes M, Mc Dacosta J. Australasian Nudibranch News, 1999, 2(1), 2-3.
45 Chemical Defense and Evolutionary Ecology of Dorid Nudibranchs and Some Other Opisthobranch Gastropods. Faulkner DJ, Ghiselin MT. Mar Ecol Prog Ser, 1983, 13, 295-301.
46 Cytotoxic Haplosclerid Sponges Preferred: A Field Study on the Diet of the Dotted Sea Slug *Peltodoris atromaculata* (Doridoidea: Nudibranchia). Gemballa S, Schermutzki F. Mar Biol, 2004, 144(6), 1213-1222.
47 Bennett and Elliott's Physiology and Medicine of Diving. Brubakk AO, Neuman TS. Saunders, 5th Ed (2003). ISBN 0702025712.
48 Dangerous Marine Creatures. Field Guide for Medical Treatment. Edmonds C. Best Publishing Company, 1995. ISBN 094133239X.
49 Defensive Chemicals of the Spanish Dancer Nudibranch *Hexabranchus sanguineus* and its Egg Ribbons: Macrolides Derived from a Sponge Diet. Pawlik JR, Kernan MR, Molinski TF, Harper MK, Faulkner DJ. J Exp Mar Biol Ecol, 1988, 119, 99-109.
50 Some Marine Ecological Phenomena: Chemical Basis and Biomedical Potential. Scheuer PJ. Science, Apr 1990, 248, 173-177.
51 Nacktschnecken der Weltmeere. Debelius H, Kuiter RH. Kosmos Verlag, 2007. ISBN 9783440111338.
52 Abundance, Feeding Behaviour and Nematocysts of Scyphopolyps (Cnidaria) and Nematocysts in their Predator, the Nudibranch *Coryphella verrucosa* (Mollusca). Östman C. Hydrobiologia, 1997, 355, 21-28.
53 Management of Nematocysts in the Alimentary Tract and in Cnidosacs of the Aeolid Nudibranch Gastropod *Cratena peregrina*. Martin R. Mar Biol, 2003, 143, 533-541.
54 Bau und Funktion des Cnidosacks der Aeolidoidea (Gastropoda Nudibranchia). Kälker H, Schmekel L. Zoomorphologie, 1976, 86(1), 41-60.
55 Cnidosac Morphology in Dendronotacean and Aeolidacean Nudibranch Molluscs: From Expulsion of Nematocysts to Use in Defense? Martin R, Heß M, Schrödl M, Tomaschko K-H. Mar Biol, 2009, 156(3) 261-268.
56 Response in Nematocyst Uptake by the Nudibranch *Flabellina verrucosa* to the Presence of Various Predators in the Southern Gulf of Maine. Frick K. Biol Bull 2003, 205, 367-376.
57 Adaptable Defense: A Nudibranch Mucus Inhibits Nematocyst Discharge and Changes With Prey Type. Greenwood PG, Garry K, Hunter A, Jennings M. Biol Bull 2004, 206(2), 113-120.
58 Granular Chitin in the Epidermis of Nudibranch Molluscs. Martin R, Hild S, Walther P, Ploss K, Boland W, Tomaschko K-H. Biol Bull, 2007, 213(3), 307-315.
59 Protective Mechanisms Against the Action of Nematocysts in the Epidermis of *Cratena peregrina* and *Flabellina affinis* (Gastropoda, Nudibranchia). Martin R, Walther P. Zoomorphology, 2003, 122(1), 25-32.
60 Protective Skin Structures in Shell-less Marine Gastropods. Martin R, Tomaschko K-H, Walther P. Mar Biol, 2007, 150(5) 807-817.
61 Effects of Discharging Nematocysts When an Eolid Nudibranch Feeds on a Hydroid. Martin R, Walther P. J Mar Biol Ass UK, 2002, 82(3), 455-462.
62 Studies on the Life History of Two Coral-eating Nudibranchs of the Genus *Phestilla*. Harris LG. Biol Bull, 1975, 149, 539-550.
63 Coexistence of Hydroid Eating Nudibranchs: Do Feeding Biology and Habitat Use Matter? Lambert WJ. Biol Bull, 1991, 181, 248-260.
64 Tintenfische. Zimniok K. LandbuchVerlag, Hannover, 1984. ISBN 378420306X.
65 Underwater Bipedal Locomotion by Octopus in Disguise. Huffard CL, Boneka F, Full RJ. Science, Mar 2005, 307, 1927.
66 Defensive Tool Use in a Coconut-carrying Octopus. Finn JK, Tregenza T, Norman MD. Current Biology, 19(23), 1069-1070.
67 Observational Learning in *Octopus vulgaris*.

Fiorito G, Scotto P. Science, Apr 1992, 256, 545-547.
68 Looking at Play in *Octopus vulgaris*. Kuba M, Meisel DV, Byrne RA, Griebel U, Mather JA. Berliner Paläobiol. Abh., 2003, 03, 163-169.
69 Observations on the Symbiosis with Zooxanthellae Among the Tridacnidae (Mollusca, Bivalvia). Trench RK, Wethey DS, Porter JW. Biol Bull, 1981, 161, 180-198.
70 Abenteuer unter Wasser – Meine Erlebnisse und Forschungen im Meer. Hass H. Herbig Verlagsbuchhandlung München–Berlin, 1986, ISBN 3776614269.
71 Giant Clam Fishing on the Island of Tubuai, Austral Islands Group: Between Local Portrayals, Economic Necessity and Ecological Realities. Larrue S. SPC Traditional Marine Resource Management and Knowledge Information Bulletin #19, April 2006, 3-10.
72 Perspectives for Sustainable Management of Giant Clam Fishing. Bézy C, Guillaume-Signoret M. Actualité Scientifique, Institut de recherche pour le developpement, Sheet 265, April 2007.
73 Marine Envenomations. Fenner P. Australian Family Physician, 1987, 16(2), 2, 93-102.
74 Nanosecond-scale Kinetics of Nematocyst Discharge. Nüchter T, Benoit M, Engel U, Özbek S, Holstein TW. Current Biology, 2006, 16(9), 316-318.
75 The Action of Palytoxin on the Isolated Detrusor Muscle of the Rat. Posangi J, Zar MA, Harris JB. Br J Pharmacol, 1992, 106(2), 307-314.
76 The Feeding Process in *Conus victoriae*. Kohn AJ. The Marine Fauna and Flora of Dampier, Western Australia. Western Australian Museum, Perth, 2003.
77 *Conus geographus* Envenomation. Fegan D, Andresen D. The Lancet, 1997, 349, 1672.
78 Venomous Mollusks: The Risk of Human Accidents by *Conus* Snails (Gastropoda: Conidae) in Brazil. Haddad Junior V, de Paula Neto JB, Cobo VJ. Rev Soc Bras Med Trop, 2006, 39(5), 498-500.
79 *Conus* Peptides - A Rich Pharmaceutical Treasure. Wang C-Z, Chi C-W. Acta Biochim Biophys Sin (Shanghai), 2004, 36(11), 713-723.
80 Toxicity of Cultured Bullseye Puffer Fish *Sphoeroides annulatus*. Nuñez-Vazquez EJ, Garcia-Ortega A, Campa-Cordova AI, de la Parra IA, Ibarra-Martinez L, Heredia-Tapia A, Ochoa JL. Mar Drugs, 2012, 10(2), 329-339.
81 The Tetrodotoxin Binding Site is Within the Outer Vestibule of the Sodium Channel. Fozzard HA, Lipkind GM. Mar Drugs, 2010, 8, 219-234.
82 Pharmacological Actions of the Marine Toxins Ciguatoxin and Maitotoxin Isolated From Poisonous Fish. Ohizumi Y. Biol Bull, 1987, 172, 132-136.
83 Sodium Channel Mutation Leading to Saxitoxin Resistance in Clams Increases Risk of PSP. Bricelj VM, Connell L, Konoki K, MacQuarrie SP, Scheuer T, Catterall WA, Trainer VL. Nature, Apr 2005, 434, 763-767.
84 Channels of Resistance. Howlett R. Nature, Apr 2005, 434, 716.
85 Marine Toxins Targeting Ion Channels. Arias HR. Mar Drugs, 2006, 4, 37-69.
86 Cnidarian Toxins Acting on Voltage-Gated Ion Channels. Messerli SM, Greenberg RM. Mar Drugs, 2006, 4(3), 70-81.
87 Marine Toxins that Target Voltage-gated Sodium Channels. Al-Sabi A, McArthur J, Ostroumov V, French RJ. Mar Drugs, 2006, 4(3), 157-192.
88 Adaptive Evolution of Tetrodotoxin Resistance in Animals. Soong TW, Venkatesh B. Trends in Genetics, 2006, 22(11), 621-626.
89 Tetrodotoxin as a Pheromone. Matsumura K. Nature, Dec 1995, 378, 563-564.
90 Lionfish Envenomation in an Urban Wilderness. Aldred B, Erickson T, Lipscomb J. Wilderness Environ Med, 1996, 7(4), 291-296.
91 Stonefish Envenomation. Lehmann DF, Hardy JC. N Engl J Med, 1993, 329(7), 510-511.
92 Stonefish Envenomations of the Hand - A Local Marine Hazard: A Series of 8 Cases

and Review of the Literature. Lee JYL, Teoh LC, Leo SPM. Ann Acad Med Singapore, 2004, 33(4), 515-520.
93 A Study of Stonefish *(Synanceja)* Stings in Singapore with a Review of the Venomous Fishes in Malaysia. Phoon WO, Alfred ER. Singapore Med, 1965, 6(3), 158-163.
94 Marine Envenomations. Auerbach PS. The N England J Med, 1991, 325(7), 486-493.
95 Observations on the Poisoned Spines of the Weever Fish *(Trachinus draco)*. Evans HM. British Med J, 1907, 1, 73-76.
96 On the Venom of the Lesser Weeverfish, *Trachinus vipera.* Carlisle DB. J Mar Biol Ass UK, 1962, 42(2), 155-162.
97 Weever Venom. Haavaldsen R, Fonnum F. Nature, Jul 1963, 199, 286-287.
98 Venoms From Six Species of Marine Fish: Lethal and Hemolytic Activities and their Neutralization by Commercial Stonefish Antivenom. Shiomi K, Hosaka M, Fujita S, Yamanaka H, Kikuchi T. Mar Biol, 1989, 103(3), 285-289.
99 A »Scorpion Fish« (*Trachinus vipera*) Sting: Fishermen's Hazard. Dehaan A, Ben-Meir P, Sagi A. Br J Ind Med, 1991, 48, 718-720.
100 Envenomation by the Lesser Weeverfish. Briars GL, Gordon GS. Br J Gen Pract, 1992, 42(358), 213.
101 Stingray Injuries. Meyer PK. Wilderness Environ Med, 1997, 8(1), 24-28.
102 Applying Pain Theory in Fish Spine Envenomation. Muirhead D. South Pacific Underwater Medicine Society (SPUMS) Journal, 2002, 32, 150-153.
103 Is Hot Water Immersion an Effective Treatment for Marine Envenomation? Atkinson PRT, Boyle A, Hartin D, McAuley D. Emerg Med J, 2006, 23(7), 503-508.
104 A Randomised Controlled Trial of Hot Water (45 °C) Immersion Versus Ice Packs for Pain Relief in Bluebottle Stings. Loten C, Stokes B, Worsley D, Seymour JE, Jiang S, Isbister GK. Med J Aust, 2006, 184(7), 329-333.
105 Temperature Effects on Box Jellyfish Venom: A Possible Treatment for Envenomed Patients? Carrette TJ, Cullen P, Little M, Peiera PL, Seymour JE. Med J Aust, 2002, 177(11), 654-655.
106 Venomous Fish Injuries Along the Israeli Mediterranean Coast: Scope and Characterization. Gweta S, Spanier E, Bentur Y. Isr Med Assoc J, 2008, 10(11), 783-788.
107 Poisonous Fish Stings on the Coast of Malaga, Spain: Summertime Incidence. Portillo Strempel A, Herrera Ceballos E, Portillo Strempel J. Emergencias 2009, 21(1), 32-35.
108 Electric and Magnetic Field Detection in Elasmobranch Fishes. Kalmijn AJ. Science, Nov 1982, 218, 916-918.
109 Sharks Can Detect Changes in the Geomagnetic Field. Meyer CG, Holland KN, Papastamatiou YP. JR. Soc Interface, 2005, 2, 129-130.
110 Morphological Measurements of Manta Rays (*Manta birostris*) with a Description of a Foetus From the East Coast of Southern Africa. Marshall AD, Pierce SJ, Bennett MB. Zootaxa, 2008, 1717, 24-30.
111 The Reproductive Ecology of Resident Manta Rays *(Manta alfredi)* off Maui, Hawaii, with an Emphasis on Body Size. Deakos MH. Environ Biol Fish, 2012, 94(2), 443-456.
112 The Economics of Shark and Ray Watching in the Maldives. Anderson C, Waheed A. Shark News, 2001, July, 13.
113 The Global Threat to Manta and Mobula Rays. Heinrichs S, O'Malley M, Medd H, Hilton P. Manta Ray of Hope, 2011 Report.
114 Majestic Manta Ray Designated Vulnerable Species. PHYSorg.com. 15 Nov 2011.
115 Save the Manta Rays. Aston R. X-Ray Mag, 2007, 18, 40-46.
116 Redescription of the Genus *Manta* with Resurrection of *Manta alfredi* (Krefft,1868) (Chondrichthyes; Myliobatoidei; Mobulidae). Marshall AD, Compagno LJV, Bennett MB. Zootaxa, 2009, 2301, 1–28.
117 Population Estimates of Alfred Mantas (*Manta alfredi*) in Central Maldives Atolls:

North Male, Ari and Baa. Kitchen-Wheeler A-M, Ari C, Edwards AJ. Environ Biol Fish, 2012, 93(4), 557-575.
118 Satellite Tracking of Manta Rays Highlights Challenges to Their Conservation. Graham RT, Witt MJ, Castellanos DW, Remolina F, Maxwell S, Godley BJ, Hawkes LA. PLoS ONE 212, 7(5), e36834.
119 *C. megalodon* – Riesenzahnhai *Carcharodon* oder *Carcharocles*? Andres L, Frentzel-Beyme B. Elsmoskop 2000, 23-28.
120 Size of the Great White Shark *(Carcharodon)*. Randall JE. Science, Jul 1973, 181, 169-170.
121 Shark Attacks: Worldwide Records Through 1960 Show When and Where Predaceous Sharks are Likely to Attack Man. Schultz LP, Gilbert PW, Springer S. Science, 1961, 134, 87-88.
122 The »Problem« of Shark Attacks Upon Humans. Campbell GD, Smith ED. J Wilderness Med, 1993, 4(1), 5-10.
123 Shark Attacks in California and Oregon, 1926-1979. Miller DJ, Collier RS. Calif Fish and Game, 1980, 67(2), 76-104.
124 White Shark Attacks Upon Humans in California and Oregon, 1993-2003. McCosker JE, Lea RN. Proc Calif Acad Scie, 2006, 57, 479-501.
125 Pavonins: Shark-Repelling Ichthyotoxins from the Defense Secretion of the Pacific Sole. Tachibana K, Sakaitanai M, Nakanishi K. Science, Nov 1984, 226, 703-705.
126 Melittin-Like Peptides from the Shark-Repelling Defense Secretion of the Sole *Pardachirus pavoninus*. Thompson SA, Tachibana K, Nakanishi K, Kubota I. Science, Jul 1996, 233, 341-343.
127 Shark Attack. How, Why, When & Where Sharks Attack Humans. Coppleson V, Goadby P. Angus & Robertson Publishers, 1956, revised 1988. ISBN 9780207153501.
128 Surfactants as Chemical Shark Repellents: Past, Present and Future. Sisneros JA, Nelson DR. Environ Biol Fish, 2001, 60(1-3), 117-129.
129 Instrumental Conditioning of Lemon Sharks. Clark E. Science, Jul 1959, 130, 217-218.
130 South Africa's White Shark Cage-Diving Industry – is there Cause for Concern? Johnson R, Kock A. Proceedings of a specialist workshop. WWF South Africa Report Series - 2006/Marine/001: 40-59.
131 The Hunting Strategy of White Sharks *(Carcharodon carcharias)* Near a Seal Colony. Klimley AP, Le Boeuf BJ, Cantara KM, Richert JE, Davis SF, Van Sommeran S, Kelly JT. Mari Biol, 2001, 138, 617-636.
132 Transoceanic Migration, Spatial Dynamics, and Population Linkages of White Sharks. Bonfil R, Meÿer M, Scholl MC, Johnson R, O'Brien S, Oosthuizen H, Swanson S, Kotze D, Paterson M. Science, 2005, Oct 2005, 310, 100-103.
133 Satellite Tracking Catches Sharks on the Move. Pennisi E. Science, Oct 2005, 310, 32-33.
134 Migration Patterns of White Sharks *Carcharodon carcharias* Tagged at Guadaloupe Island, Mexico, and Identification of an Eastern Pacific Shared Offshore Foraging Area. Domeier ML, Nasby-Lucas N. Mar Ecol Prog Ser, 2008, 370, 221-237.
135 White Shark *Carcharodon carcharias*: Status and Management Challenges. Conclusion of the Workshop on Great White Shark Conservation Research. Wildlife Conservation Society, Central Park Zoo, New York, USA, Jan 2004.
136 Antipodean White Sharks on a Mediterranean Walkabout? Historical Dispersal Leads to Genetic Discontinuity and an Endangered Anomalous Population. Gubili C, Bilgin R, Kalkan E, Karhan SÜ, Jones CS, Sims DW, Kabasakal H, Martin AP, Noble LR. Proc R Soc B, Nov 2010.
137 Sex-Biased Dispersal of Great White Sharks. Pardini AT, Jones CS, Noble LR, Kreiser B, Malcolm H, Bruce BD, Stevens JD, Cliff G, Scholl MC, Francis M, Duffy CAJ, Martin AP. Nature, Jul 2001, 412, 139-140.
138 Enhanced Visual Fields in Hammerhead Sharks. McComb DM, Tricas TC, Kajiura SM. J Exp Biol, 2009, 212, 4010-4018.

139 Sharks: Attraction by Low-Frequency Sounds. Nelson DR, Gruber SH. Science, Nov 1963, 142, 975-977.
140 Microspectrophotometric Evidence for Cone Monochromacy in Sharks. Hart NS, Theiss SM, Harahush BK, Collin SP. Naturwissenschaften, 2011, 98(3), 193-201.
141 On the Origin of Species by Means of Natural Selection or the Preservation of Favoured Races in the Struggle for Life. Darwin C, 1859, John Murray, London.
142 Cascading Effects of the Loss of Apex Predatory Sharks from a Coastal Ocean. Myers RA, Baum JK, Shepherd TD, Powers SP, Peterson CH. Science, Mar 2007, 315, 1846-1850.
143 Life on the Mean Reefs. Pala C. Science, Dec 2007, 318, 1719.
144 Shark Tales. Evil Prevails When Good Men Sit and Do Nothing. X-Ray Mag, 2008, 22, 71-75.
145 Mercury in 16 Demersal Sharks from Southeast Australia: Biotic and Abiotic Sources of Variation and Consumer Health Implications. Pethybridge H, Cossa D, Butler ECV. Mar Environ Res, 2010, 69(1), 18-26.
146 Total Mercury in Muscle Tissue of Five Shark Species from Brazilian Offshore Waters: Effects of Feeding Habit, Sex, and Length. Penedo de Pinho AP, DavéeGuimarães JR, Martins AS, Costa PA, Olavo G, Valentin J. Environ Res, 2002, 8983), 250-258.
147 Mercury Levels in Florida Sharks: Interim Report. Evers DC, Hammerschlag N, Die D. Report BRI 2008-02, BioDiversity Research Institute, Gorham, Maine, 2008.
148 Elemental Mercury and Inorganic Mercury Compounds: Human Health Aspects. Concise International Chemical Assessment Document 50. WHO, 2003, ISBN 9241530502.
149 Anatomy of a Shark Attack. Manire CA, Gruber SH. Journal of Wilderness Medicine, 1992, 3, 4-8.
150 Collapse and Conservation of Shark Populations in the Northwest Atlantic. Baum JK, Myers RA, Kehler DG, Worm B, Harley SJ, Doherty PA. Science, Jan 2003, 299, 389-392.
151 Sharks of Arabia. Randall JE. Immel Publishing, London 1986. ISBN 0907151094.
152 Haie. Jahr Verlag. Hrsg: Keller J, 1987. ISBN 3570008010.
153 Divers' Guide to the Sharks of the Maldives. Anderson RC. Novelty Printers & Publishers, Republic of Maldives, 1992. ISBN 9991530142.
154 Preliminary Report on Taiwan's Whale Shark Fishery. Chen CT, Liu KM, Joung SL. TRAFFIC Bulletin, 1997, 17(1), 53-57.
155 Distribution, Seasonality, Lengths, and Feeding Behaviour of Whale Sharks *(Rhincodon typus)* Observed in New Zealand Waters. Duffy CAJ. New Zeal J Mar Fresh, 2002, 36(3), 565–570.
156 Whale Shark (*Rhincodon typus*) Issues Paper. Australian Government, Department of the Environment and Heritage, Canberra. May 2005, ISBN 0642550824.
157 A Review of the Biology and Ecology of the Whale Shark. Colman JG. J Fish Biol. 1997, 51(6), 1219-1234.
158 Tagging Along With Sharks. Johnson K. Ecos, 1999, 6.
159 Management and Trade of Whale Sharks in Taiwan. A Traffic East Asia Report. Chen VY, Phipps MJ. Traffic East Asia-Taipei, 2002.
160 Whale Shark »Ecotourism« in the Philippines and Belize: Evaluating Conservation and Community Benefits. Quiros A. Tropical Resources Bulletin, 2005, 24, 42-48.
161 The Fish Communities of a Coral Reef Transect. Galzin R, Legendre P. Pacific Science, 1987, 41, 158-165.
162 Colour Vision in Coral Reef Fish. Siebeck UE, Wallis GM, Litherland L. J Exp Biol, 2008, 211, 354-360.
163 Communication and Camouflage With the Same »Bright« Colors in Reef Fishes. Marshall NJ. Phil Trans R Soc Lond B, 2000, 355, 1243-1248.
164 Farbenprächtiger Karneval im Korallenriff. Farbimpulse, Das Online-Magazin für Farbe in Wissenschaft und Praxis. 13.09.2006, Brillux GmbH.

165 Visual Biology of Hawaiian Coral Reef Fishes. I. Ocular Transmission and Visual Pigments. Losey GS, McFarland WN, Loew ER, Zamzow JP, Nelson PA, Marshall NJ. Copeia, 2003, 3(3), 433-454.
166 Visual Biology of Hawaiian Coral Reef Fishes. II. Colors of Hawaiian Coral Reef Fish. Marshall NJ, Jennings K, McFarland WN, Loew ER, Losey GS. Copeia, 2003, 3(3), 455-466.
167 Visual Biology of Hawaiian Coral Reef Fishes. III. Environmental Light and an Integrated Approach to the Ecology of Reef Fish Vision. Marshall NJ, Jennings K, McFarland WN, Loew ER, Losey GS. Copeia, 2003, 3(3), 467-480.
168 Colourful Objects Through Animal Eyes. Vorobyev M, Marshall J, Osorio D, Hempel de Imbarra N, Menzel R. Color Res Appl, 2001, 26(S1), 214-217.
169 Double Cones are Used for Colour Discrimination in the Reef Fish, *Rhinecanthus aculeatus*. Pignatelli V, Champ C, Marshall J, Vorobyev M Biol Lett, 2010, DOI: 10.1098/rsbl.2009.1010.
170 Red Fluorescence in Reef Fish: A Novel Signalling Mechanism? Michiels NK, Anthes N, Hart NS, Herler J, Meixner AJ, Schleifenbaum F, Schulte G, Siebeck UE, Sprenger D, Wucherer MF, BMC Ecology, 2008, 8:16.
171 Fluorescent Pigments in Corals are Photoprotective. Salih A, Larkum A, Cox G, Kühl M, Hoegh-Guldberg O. Nature, Dec 2000, 408, 850-853.
172 Biology of Parrotfishes. Hoey AS, Bonaldo RM. CRC Press, 2021, ISBN 9781482224016.
173 Transport of Calcareous Fragments by Reef Fishes. Bardach JE. Science, Jan 1961, 133, 98-99
174 Parrotfish Erosion Underpins Reef Growth, Sand Talus Development and Island Building in the Maldives. Morgan KM, Kench PS. Sedimentary Geology, 2016, 341, 50-57.
175 Live Coral Predation by Parrotfishes (Perciformes: Scaridae) in the Abrolhos Bank, Eastern Brazil, with Comments on the Classification of Species Into Functional Groups. Francini-Filho RB, Moura RL, Ferreira CM, Coni EOC. Neotrop Ichthyol, 2008, 6(2), 191-200.
176 Echinoid Bioerosion as a Major Structuring Force of Red Sea Coral Reefs. Mokady O, Lazar B, Loya Y. Biol Bull, 1996, 190, 367-372.
177 Serial Female Sex Changes After Simultaneous Removal of Males from Social Groups of a Coral Reef Fish. Shapiro DY. Science, Sep 1980, 209, 1136-1137.
178 Sex Change in a Coral-Reef Fish: Dependence of Stimulation and Inhibition on Relative Size. Ross RM, Losey GS, Diamond M. Science, Aug 1983, 221 (4610), 574-575.
179 Social Control of Sex Reversal in a Coral-Reef Fish. Robertson DR. Science, Sep 1972, 177, 1007-1009.
180 Sex Change in Coral Reef Fish. Nakamura M, Kobayashi Y, Miura S, Alam MA, Bhandari RK. Fish Physiol Biochem, 2005, 31, 117-122.
181 Behavior, Sexual Dichromatism, and Species of Parrot Fishes.Winn HE, Bardach JE. Science, May 1957, 125, 885-886.
182 Sex Change and Sexual Selection. Warner RR, Robertson DR, Leigh Jr EG. Science, Nov 1975, 190, 633-638.
183 Mucuous Envelope Formation in Two Species of Hawaiian Parrotfishes (Genus *Scarus*). Byrne JE. Pac Sci, 1970, 24(4), 490-493.
184 Effects of Photoperiod on Growth of Larvae and Juveniles of the Anemonefish *Amphiprion melanopus*. Arvelund M, McCormick MI, Ainsworth T. Naga, the ICLARM Quarterly, 2000, 23(2), 18-23.
185 Defense of Host Actinians by Anemonefishes. Godwin J, Fautin DG. Copeia, 1992, 3, 902-908.
186 Population Impacts of Collecting Sea Anemones and Anemonefish for the Marine Aquarium Trade in the Philippines. Shuman CS, Hodgson G, Ambrose RF. Coral Reefs, 2005, 24(4), 564-573.
187 Effects of Aquarium Collectors on Coral Reef Fishes in Kona, Hawaii. Tissot BN, Hallacher

LE. Conserv Biol, 2003, 17(6), 1759-1768.
188 Dangerous Marine Animals. Halstead BW. 3rd Edition 1995. Cornell Maritime Press, Maryland. ISBN 0870334743.
189 Moray Eel Attack in the Tropics: A Case Report and Review of the Literature. Riordan C, Hussain M, McCann J. Wilderness Environ Med, 2004, 15(3), 194-197.
190 Dangerous Marine Creatures. A Field Guide for Medical Treatment. Edmonds C. Best Publishing Company, 1995, Flagstaff, Arizona, ISBN 094133239X.
191 Ciguatoxins: Cyclic Polyether Modulators of Voltage-gated Iion Channel Function. Nicholson GM, Lewis RJ. Mar Drugs, 2006, 4(3), 82-118.
192 Raptorial Jaws in the Throat Help Moray Eels Swallow Large Prey. Mehta RS, Wainwright PC. Nature, Jul 2007, 449, 79-82.
193 Twice Bitten. Westneat MW. Nature, Sep 2007, 449, 33-34.
194 A Seahorse Life Cycle: Father Knows Best! Monterey Bay Aquarium, 2009.
195 Life History and Ecology of Seahorses: Implications for Conservation and Management. Foster SJ, Vincent ACJ. J Fish Biology 2004, 65(1), 1–61.
196 A New Pygmy Seahorse, *Hippocampus denise* (Teleostei, Syngnathidae), from the Indo-Pacific. Lourie SA, Randall JE. Zool Stud, 2003, 42(2), 284-291.
197 Regeneration in Echinoderms: Repair, Regrowth, Cloning. Carnevali C. Invertebrate Surv J, 2006, 3, 64-76.
198 Autotomy as a Prelude to Regeneration in Echinoderms. Wilkie IC. Micros Res Tech, 2001, 55(6), 369–396.
199 Autotomy and Regeneration in Hawaiian Starfishes. Edmondson CH. Bernice P. Bishop Museum, Occasional Papers, XI(8), 1935.
200 Timing of Fission in the Starfish *Allostichaster capensis* (Echinodermata: Asteroidea) in laboratory. Rubilar T, Pastor C, Díaz de Vivar E. Rev Biol Trop, 2005, 53(Suppl. 3), 299-303.
201 Sperm Diffusion Models and in Situ Confirmation of Long-Distance Fertilization in the Free-Spawning Asteroid *Acanthaster planci*. Babcock RC, Mundy CN, Whitehead D. Biol Bull, 1994, 186, 17-28.
202 Settlement and Recruitment of *Acanthaster planci* on the Great Barrier Reef: Questions of Process and Scale. Johnson C. Aust J Mar Fresh Res, 1992, 43(3), 611-627.
203 Settlement of Crown-of-thorns Starfish: Role of Bacteria on Surfaces of Coralline Algae and a Hypothesis for Deepwater Recruitment. Johnson CR, Sutton DC, Olson RR, Giddins R. Mar Ecol Prog Ser, 1991, 71, 143-162.
204 Eradication of Crown of Thorns Starfish (*Acanthaster planci*) Infestation in a Patch Reef in the Lagoon off Ile Aux Cerfs, Mauritius. Koonjul MS, Mangar V, Luchmun JP. AMAS, 2003, Food and Agricultural Research Council, Réduit, Mauritius.
205 Reproduction, Recruitment and Hydrodynamics in the Crown-of-thorns Phenomenon on the Great Barrier Reef: Introduction and Synthesis. Johnson C. Aust J Mar Fresh Res, 1992, 43(3), 517-523.
206 Venomous and Poisonous Marine Animals: A Medical & Biological Handbook. Williamson JAH, Fenner PJ, Burnett JW, Rifkin JF. University Of New South Wales Press, 1996. ISBN 0868402796.
207 Consumers of Sea Urchins, *Paracentrotus lividus* and *Arbacia lixula*, in Shallow Mediterranean Rocky Reefs. Guidetti P. Helgol Mar Res, 2004, 58(2), 110-116.
208 Multiple Factors Explain the Covering Behaviour in the Green Sea urchin, *Strongylocentrotus droebachiensis*. Dumont CP, Drolet D, Deschênes I, Himmelman JH. Anim Behav, 2007, 73(6), 979-986.
209 Fish Predation and the Structure of the Sea Urchin *Paracentrotus lividus* Populations in the NW Mediterranean. Sala E, Zabala M. Mar Ecol Prog Ser, 1996, 140, 71-81.
210 Movement Patterns of the Sea Urchin *Paracentrotus lividus* in a Marine Reserve and an Unprotected Area in the NW Mediterranean. Hereu B. Mar Ecol, 2005, 26(1), 54-62.

211 Temporal Variability in Abundance of the Sea Urchins *Paracentrotus lividus* and *Arbacia lixula* in the Northwestern Mediterranean: Comparison Between a Marine Reserve and an Unprotected Area. Sala E, Ribes M, Hereu B, Zabala M, Alvà V, Coma R, Garrabou J. Mar Ecol Prog Ser, 1998, 168, 135-145.
212 Relationships Among Predatory Fish, Sea Urchins and Barrens in Mediterranean Rocky Reefs Across a Latitudinal Gradient. Guidetti P, Dulčić J. Mar Environ Research, 2007, 63, 168-184.
213 Covering Behaviour in *Paracentrotus lividus*: Is Light Important? Verling E, Crook AC, Barnes DKA. Mar Ecol, 2002, 140(2), 391-396.
214 Damage Due to Solar Ultraviolet Radiation in the Brittlestar *Ophioderma brevispinum* (Echinodermata: Ophiuroidea). Johnsen S, Kier WM. J Mar Biol Ass UK, 1998, 78(2), 681-684.
215 Dietary Accumulation of UV-absorbing Mycosporine-like Amino Acids (MAAs) by the Green Sea Urchin *Strongylocentrotus droebachiensis*. Carroll AK, Shick JM. Mar Biol, 1996, 124(4), 561-569.
216 Ocular Media Transmission of Coral Reef Fish – Can Coral Reef Fish See Ultraviolet Light? Siebeck UE, Marshall NJ. Vision Res, 2001, 41(2), 133-149.
217 On the Functional Significance of Masking Behaviour in Sea Urching – an Experiment With *Paracentrotus lividus*. Richner H, Milinski M. Mar Ecol Prog Ser, 2000, 205, 307-308.
218 Morpho-functional Defences of Mediterranean Sea Urchins, *Paracentrotus lividus* and *Arbacia lixula*, Against Fish Predators. Guidetti P, Mori M. Mar Biol, 2005, 147(3), 797-802.
219 Phenotypic Plasticity of *Paracentrotus lividus* (Echinodermata: Echinoidea) in a Lagoonal Environment. Fernandez C, Boudouresque C-F. Mar Ecol Prog Ser, 1997, 152, 145-154.
220 Grundlagen der Ökologie, Band 1 und 2. Odum EP. Georg Thieme Verlag, 1983. ISBN 3133823027.
221 Observations on the Symbiosis with Zooxanthellae Among the Tridacnidae (Mollusca, Bivalvia). Trench RK, Wethey DS, Porter JW. Biol Bull, 1981, 161, 180-198.
222 The Nature of the Symbiosis Between Indo-Pacific Anemone Fishes and Sea Anemones. Mariscal RN. Mar Biol 1970, 6(1), 58-65.
223 Growth, Reproduction and Survival of a Tropical Sea Anemone (Actiniaria): Benefits of Hosting Anemonefish. Holbrook SJ, Schmitt RJ. Coral Reefs, 2005, 24(1) 67-73.
224 Observations on the Feeding Behaviour of Resident Anemonefish During Host Sea Anemone Spawning. Scott A, Francisco B. Coral Reefs, 2006, 25(3) 451.
225 Geographical Variation in Sound Production in the Anemonefish *Amphiprion akallopisos*. Parmentier E, Lagardère JP, Vandewalle P, Fine ML. Proc R Soc B, 2005, 272(1573), 1697-1703.
226 Sound Production in the Clownfish *Amphiprion clarkii*. Parmentier E, Colleye O, Fine ML, Frédérich B, Vandewalle P, Herrel A. Science, May 2007, 316, 1006.
227 Nutrient Transfer in a Multi-Level Mutualism: Contributions of Anemonefish to Host Anemone and Zooxanthella Nutrition. Roopin M, Chadwick N. Coral Reef Symposium 2008, poster presentation.
228 The Anemonefish Symbiosis: What is Known and What is Not. Fautin DG. Symbiosis, 1991, 10, 23-46.
229 Effects of Anemonefish on Giant Sea Anemones: Expansion Behavior, Growth, and Survival. Porat D, Chadwick-Furman NE. Hydrobiologia, 2004, 530-531(1-3), 513-520.
230 Nutritional Exchange in the Anemonefish/Anemone Symbiosis: Photosynthetically-Fixed Carbon is Translocated to Host Fish. Cleveland A, Verde A, Lee R. Coral Reef Symposium 2008, oral presentation.
231 Anemonefish Symbiosis: Vulnerability and Resistance of Fish to the Toxin of the Sea Anemone. Mebs D. Toxicon, 1994, 32(9), 1059-1068.
232 Observations on the Symbiosis of the Sea

Anemone *Stoichactis* and the Pomacentrid Fish, *Amphiprion percula*. Davenport D, Norris KS. Biol Bull, 1958, 115, 397-410.
233 *Amphiprion clarkii* Juvenile: Innate Protection Against and Chemical Attraction by Symbiotic Sea Anemones. Miyagawa K, Hidaka T. P Jpn Acad B-Phys, 1980, 56(6), 356-361.
234 Why do Anemonefishes Inhabit Only Some Host Actinians? Fautin DG. Environ Biol Fish, 1986, 15(3), 171-180.
235 The Evolution of Cooperation. Axelrod R, Hamilton WD. Science, Mar 1981, 211, 1390-1396.
236 The Further Evolution of Cooperation. Axelrod R, Dion D. Science, Dec 1988, 242, 1385-1390.
237 The Selfish Gene. Dawkins R, 1976 und 30th Anniversary Edition 2006. ISBN 9780199291144
238 Five Rules for the Evolution of Cooperation. Nowak MA. Science, Dec 2006, 314, 1560-1563.
239 Anemonefish Recruitment: The Roles of Order and Chance. Fautin DG. Symbiosis, 1992, 14, 143-160.
240 Field Guide to Anemonefishes and their Host Sea Anemones. Fautin DG, Allen GR. Western Australian Museum, 1992. ISBN 0730952169.
241 Characterization of Compounds that Induce Symbiosis Between Sea Anemone and Anemone Fish. Murata M, Miyagawa-Kohshima K, Nakanishi K, Naya Y. Science, Oct 1986, 234, 585-587.
242 Host Recognition and Possible Imprinting in the Anemonefish *Amphiprion melanopus* (Pisces: Pomacentridae. Arvelund M, McCormick MI, Fautin DG, Bildsøe M. Mar Ecol Prog Ser, 1999, 188, 207-218.
243 Size and Growth Modification in Clownfish. Buston P. Nature, Jul 2003, 424, 145-146.
244 Co-existence of Subadult Males and Females as Alternative Tactics of Breeding Post Acquisition in a Monogamous and Protandrous Anemonefish. Hattori A, Yamamura N. Evol Ecol, 1995, 9(3), 292-303.
245 Mortality is Associated with Social Rank in the Clown Anemonefish *(Amphiprion percula)*. Buston PM. Mar Biol, 2003, 143(4), 811-815.
246 Die Malediven. Paradies im Indischen Ozean. Eibl-Eibesfeldt I. R Piper & Co Verlag München/Zürich, 1982, ISBN 349202663X.
247 Fishes Other than Anemonefishes that Associate with Anemones. Randall JE, Fautin DG. Coral Reefs, 2002, 21(2), 188-190.
248 Finding NEMO: Nestedness Engendered by Mutualistic Organization in Anemonefish and their Hosts. Ollerton J, McCollin D, Fautin DG, Allen GR. Proc R Soc B, 2007, 274, 591-598.
249 Mutualism With Sea Anemones Triggered the Adaptive Radiation of Clownfishes. Litsios G, Sims CA, Wüest RO, Pearman PB, Zimmermann NE, Salamin N. BMC Evolutionary Biology, 2012, 12, 212.
250 Cleaner Fish Really Do Clean. Grutter AS. Nature, Apr 1999, 398, 672-673.
251 Trust in Fish. Dugatkin LA. Nature, Jun 2006, 441, 937-938.
252 Image Scoring and Cooperation in a Cleaner Fish Mutualism. Bshary R, Grutter AS, Nature, Jun 2006, 441, 975-978.
253 Cleaning Behavior is Riskier and Less Profitable than an Alternative Strategy for a Facultative Cleaner Fish. White JW, Grigsby CJ, Warner RR. Coral Reefs, 2007, 26(1), 87-94.
254 Nocturnal Attacks on Nearshore Fishes in Southern California by Crustacean Zooplankton. Stepien CA, Brusca RC. Mar Ecol Prog Ser, 1985, 25, 91-105.
255 Choosing When to be a Cleaner-Fish Mimic. Côté IM, Cheney KL. Nature, Jan 2005, 433, 211-212.
256 Das Mittelmeer. Fauna, Flora, Ökologie. Teil I, Allgemeiner Teil. Hofrichter R. Spektrum Akademischer Verlag, Heidelberg-Berlin. ISBN 3827410509.
257 Colour Change in the Ghost Pipefish Solenostomus cyanopterus. Gerlach O. Phelsuma, 2009, 17, 59-60.
258 A Reviev of Mimicry in Marine Fishes. Randall

JE. Zoological Studies, 2005, 44(3), 299-328.
259 Mimikry als Strategie von Jungfischen. Reininger M. Biol Unserer Zeit, 2012, 42(4), 254-259.
260 Aggressive Mimicry by the Juvenile of the Redmouth Grouper, *Aethaloperca rogaa* (Serranidae). Snyder DB, Randall JE, Michael SW. Cybium, 2001, 25(3), 227-232.
261 Wolf in a Sheep's Clothes: Juvenile Coney *(Cephalopholis fulva)* as an Aggressive Mimic of the Brown Chromis *(Chromis multilineata)*. Sazima I, Krajewski JP, Bonaldo RM, Sazima C. Neotrop Ichthyol, 2005, 3(2), 315-318.
262 Aggressive Mimicry Between Juveniles of the Snapper *Lutjanus bohar* and Species of the Damselfish Genus *Chromis* from Japan. Moyer JT. Jpn J Ichthyol, 1977, 24(3), 218-222.
263 School-oriented Mimicry, a New Type of Mimicry in Fishes. Dafni J, Diamant A. Mar Ecol Prog Ser, 1984, 20, 45-50.
264 Predators Favour Mimicry in a Tropical Reef Fish. Caley MJ, Schluter D. Proc R Soc Lond B, Apr 2003, 270, 667-672.
265 Oldest Known Sea Turtle. Hirayama R. Nature, Apr 1998, 392, 705-708.
266 Discovery of a Regular Nesting Area of Loggerhead Turtle *Caretta caretta* in Southern Italy: A New Perspective for National Conservation. Mingozzi T, Masciari G, Paolillo G, Pisani B, Russo M, Massolo A. Biodivers Conserv, 2007, 16(12), 3519-3541.
267 Occurence of Kemp's Ridley Sea Turtle *(Lepidochelys kempii)* in the Mediterranean. Tomás J, Raga JA. Mar Biodivers Rec, 2008, 1, e58.
268 The First Report of a Loggerhead Turtle *Caretta caretta* Nest on the Central Tyrrhenian Coast (Western Mediterranean). Bentivegna F, Treglia G, Hochscheid S. Mar Biodivers Rec, 2008, 1, e14.
269 Spongivory in Hawksbill Turtles: A Diet of Glass. Meylan A. Science, Jan 1988, 239, 393-395.
270 Hawksbill Turtles Still Endangered. Meylan A. Nature, Jan 1998, 391, 117.
271 Geomagnetic Map Used in Sea-turtle Navigation. Lohmann KJ, Lohmann CMF, Ehrhart LM, Bagley DA, Swing T. Nature, Apr 2004, 428, 909-910.
272 Detection of Magnetic Field Intensity by Sea Turtles. Lohmann KJ, Lohmann CMF. Nature, Mar 1996, 380, 59-61.
273 Seafloor Spreading Theory and the Odyssey of the Green Turtle. Carr A, Coleman PJ. Nature, May 1974, 249, 128-130.
274 Temperature-dependent Sex Determination: Current Practices Threaten Conservation of Sea Turtles. Morreale SJ, Ruiz GJ, Spotila JR, Standora EA. Science, Jun 1982, 216, 1245-1247.
275 Temperature-dependent Sex Determination in Turtles. Bull JJ, Vogt RC. Science, Dec 1979, 206, 1186-1188.
276 Important Areas at Sea for Adult Loggerhead Sea Turtles in the Mediterranean Sea: Satellite Tracking Corroborates Findings from Potentially Biased Sources. Zbinden JA, Aebischer A, Margaritoulis D, Arlettaz R. Mar Biol, 2008, 153, 899-906.
277 Sea Turtles: A Complete Guide to Their Biology, Behavior, and Conservation. Spotila JR. The Johns Hopkins University Press, 2004. ISBN 0801880076.
278 Estimated Communication Range of Social Sounds Used by Bottlenose Dolphins *(Tursiops truncatus)*. Quintana-Rizzo E, Mann D A. J Acoust Soc Am, 2006, 120(3), 1671-1683.
279 Estimated Communication Range and Energetic Cost of Bottlenose Dolphin Whistles in a Tropical Habitat. Jensen FH, Beedholm K, Wahlberg M, Bejder L, Madsen PT. J Acoust Soc Am, 2012, 131(1), 582-592.
280 Orientation by Means of Long Range Acoustic Signaling in Baleen Whales. Payne R, Webb D. Ann N Y Acad Sci, 1971, 188, 110-141.
281 Elements of Syntax in the Systems of Three Language-trained Animals. Kako E. Anim Learn Behav, 1999, 27(1), 1-14.
282 The Dolphin's Grammatical Competency: Comments on Kako (1999). Herman L M, Uyeyama R K. Anim Learn Behav, 1999, 27(1), 18-23.

283 Is a Dolphin a Person? Grimm D, Miller G. Science, Feb 2010, 327, 1070-1071.
284 Are Dolphins Too Smart for Captivity? Grimm D. Science, Apr 2011, 332, 526-529.
285 Mirror Self-Recognition in the Bottlenose Dolphin: A Case of Cognitive Convergence. Reiss D, Marino L. PNAS, 2001, 98(10), 5937-5942.
286 Bottlenose Dolphins in Captivity. Whale and Dolphin Conservation Society (WDCS), www.wdcs.org.
287 Whales are on the Rise. Dalton R. Nature, May 2008, 453, 433.
288 Dolphin Assisted Therapy. Can You Put Your Faith in DAT? Brakes P, Williamson K. Whale and Dophin Conservation Society (WDCS), October 2007.
289 Drugs and Cosmetics from the Sea. Kijjoa A, Sawangwong P. Mar Drugs, 2004(2), 73-82.
290 Biomedical Compunds from Marine Organisms. Jha RK, Zi-rong X. Mar Drugs, 2004, 2(2), 123-146.
291 A Brominated Secondary Metabolite Synthesized by the Cyanobacterial Symbiont of a Marine Sponge and Accumulation of the Crystalline Metabolite in the Sponge Tissue. Unson MD, Holland ND, Faulkner DJ. Mar Biol, 1994, 119(1), 1-11.
292 New Marine Derived Anticancer Therapeutics - A Journey from the Sea to Clinical Trials. Jimeno J, Faircloth G, Fernández Sousa-Faro JM, Scheuer P, Rinehart K. Mar Drugs, 2004, 2(1), 14-29.
293 Drugs from the Sea – Opportunities and Obstacles. Proksch P, Edrada-Ebel RA, Ebel R. Mar Drugs, 2003, 1(1), 5-17.
294 Arzneistoffe aus dem Meer. Proksch P. Pharmazeutische Wissenschaft, 2008, 4, 8-14.
295 Antiviral Agents from a Gorgonian, *Eunicella cavolini*. Cimino G, De Rosa S, De Stefano S. Experientia, 1984, 40(41), 339-340.
296 Active Nematocyst Isolation via Nudibranchs. Schlesinger A, Kramarsky-Winter E, Loya Y. Mar Biotechnol, 2009, 11(4), 441-444.
297 Ein Gift gegen starke Schmerzen. Stix F, Spektrum der Wissenschaft, Mai 2006, 6, 67-69.
298 Molecular Prospecting for Drugs from the Sea. Isolating Therapeutic Peptides and Proteins from Cone Snail Venom. Gayler K, Sandall D, Greening D, Keays D, Polidano M, Livett B, Down J, Satkunanathan N, Khalil Z. IEEE Eng Med Biol Mag, 2005, 24(2), 79-84.
299 Drugs from the Sea: Conopeptides as Potential Therapeutics. Livett BG, Gayler KR, Khalil Z. Curr Med Chem, 2004, 11(13), 1715-1723.
300 Conotoxins as Selective Inhibitors of Neuronal Ion Channels, Receptors and Transporters. Lewis RJ. Australian Biochemist, 2003, 34(3), 12-14.
301 Ziconotide: Neuronal Calcium Channel Blocker for Treating Severe Chronic Pain. Miljanich GP. Current Medicinal Chemistry, 2004, 11(23), 3029-3040.
302 Tetrodotoxin (TTX) as a Therapeutic Agent for Pain. Nieto FR, Cobos EJ, Tejada MÁ, Sánchez-Fernández C, González-Cano R, Cendán CM. Mar Drugs, 2012, 10(2), 281-305.
303 Chemical Ecology and Marine Biodiversity: Insights and Products from the Sea. Hay ME, Fenical W. Oceanography, 1996, 9(1), 10-20.
304 Impact of Red Sea Fish Migrants Through the Suez Canal on the Aquatic Environment of the Eastern Mediterranean. Golani D. Yale FE&S Bulletin 103, 1998, 375-387.
305 First Record of the Scyphomedusa *Rhopilema nomadica* Galil, 1990 (Cnidaria: Scyphozoa: Rhizostomeae) in Greece. Siokou-Frangou I, Sarantakos K, Christou ED. Aquatic Invasions, 2006, 1(3), 194-195.
306 The First Record of the Needle-spined Urchin *Diadema setosum* (Leske, 1778) (Echinodermata: Echinoidea: Diadematidae) from the Mediterranean Sea. Yokes B, Galil BS. Aquatic Invasions (2006), 1, 3, 188-190.
307 A New Lessepsian Mollusc *Hypselodoris infucata* (Ruppell & Leuckart, 1828) (Gastropoda: Nudibranchia) for the Coasts of Turkey. Çevik C, Öztürk B. Turk J Zool, 2001, 25, 27-30.

308 A New Lessepsian Species in the Western Mediterranean *(Brachidontes pharaonis* Bivalvia: Mytilidae*)*: Density, Resource Allocation and Biomass. Sarà G, Romano C, Mazzola A. Mar Biodivers Rec, 2008,1, e8.
309 Non-native Fishes in the Mediterranean from the Red Sea, by Way of the Suez Canal. Mavruk S, Avsar D. Rev Fish Biol Fisheries, 2008, 18, 251-262.
310 The Sandy Shore of the Red Sea – Launching Pad for Lessepsian (Suez Canal) Migrant Fish Colonizers of the Eastern Mediterranean. Golani D. J Biogeogr, 1993, 20, 579-585.
311 Incidence of Lessepsian Migrants on Landings of the Artisanal Fishery of South Lebanon. Carpentieri P, Lelli S, Colloca F, Mohanna C, Bartolino V, Moubayed S, Ardizzone GD. Mar Biodivers Rec, 2009, 2, e71, published online.
312 First Record of the Indo-Pacific Fish the Jarbua Terapon *(Terapon jarbua)* (Osteichthyes: Terapontidae) in the Mediterranean with Remarks on the Wide Geographical Distribution of this Species. Golani D, Appelbaum-Golani B. Sci Mar, 2010, 74(4), 717-720.
313 Impact of Red Sea Fish Migrants Through the Suez Canal on the Aquatic Environment of the Eastern Mediterranean. Golani D. Yale F & ES Bulletin, 1998, 103, 375-387.
314 First Record of the Indo-Pacific Parrot Fish *Scarus ghobban* in the Eastern Mediterranean. Goren M, Aronov A. Cybium, 2002, 26(3), 239-240.
315 Settlement of the Lessepsian Blue-barred Parrotfish *Scarus ghobban* (Teleostei: Scaridae) in the Eastern Mediterranean. Bariche M, Saad M. JMBA2 - Biodiversity Records, 2005, published online.
316 New Records of the Red Sea Fishes, *Pterois miles* (Scorpaenidae) and *Pteragogus pelycus* (Labridae) from the Eastern Mediterranean Sea. Golani D, Sonin O. Jpn J Ichthyol, 1992, 39(2), 167-169.
317 First Record of the Bluespotted Cornetfish from the Mediterranean Sea. Golani D. J Fish Biol, 2000, 56(6), 1545-1547.
318 First Record of the Emperor Angelfish, *Pomacanthus imperator* (Teleostei: Pomacanthidae) and the Second Record of the Spotbase Burrfish *Cyclichthys spilostylus* (Teleostei: Diodontidae) in the Mediterranean. Golani D, Salameh P, Sonin O. Aquatic Invasions, 2010, 5, S1, 41-43.
319 Second Records of the Lessepsian Fish Migrants *Priacanthus sagittarius* and *Platax teira* and Distribution Extension of *Tylerius spinosissimus* in the Mediterranean. Golani D, Sonin O, Edelist D. Aquatic Invasions, 2011, 6, S1, 7-11.
320 Lessepsian Fish Migrants Reported in the Eastern Adriatic Sea: An Annotated List. Dulčić J, Pallaoro A, Lipej L. Annales Ser hist nat Koper, 2003, 13(2), 137-144.
321 New Gastropod Vectors and Tetrodotoxin Potential Expansion in Temperate Waters of the Atlantic Ocean. Silva M, Azevedo J, Rodriguez P, Alfonso A, Botana LM, Vasconcelos V. Mar Drugs, 2012, 10(4), 712-726.
322 First Record of the Lessepsian Migrant Species *Lagocephalus sceleratus* (Gmelin, 1789) (Actinopterygii: Tetraodontidae) in the Central Mediterranean. Jribi I, Bradai MN. BioInvasions Records, 2012, 1(1), 49-52.
323 New Distributional and Ecological Data of Some Marine Alien Molluscs Along the Southern Italian Coasts. Crocetta F, Renda W, Colamonaco G. Mar Biodivers Rec, 2009, 2, e23, published online.

# Index

## D



## E



## F

## G



## H



## I

## M



## N



## O

## P

## T



## U



## V

## W



## Y



## Z

# Der Autor

Foto: Daniel Novotny

Seit seiner Kindheit interessiert sich Jens Hartmann für die Unterwasserwelt. 1986 erlernte er das Gerätetauchen und hatte schon bei seinen Ausbildungstauchgängen eine Unterwasserkamera dabei. Die Unterwasserwelt zog ihn schließlich so in ihren Bann, dass er sich entschloss, an der Universität Wien Biologie zu studieren. Hier setzte er Schwerpunkte in der Limnologie (Ökologie der Binnengewässer) und der Meeresökologie. Heute ist er am Department für Biomedizinische Forschung der Universität für Weiterbildung Krems in Forschung und Lehre tätig.

Seit 1991 ist Jens Hartmann Tauchlehrer und taucht – selten ohne seine Kamera – in heimischen Seen, im Mittelmeer, im Roten Meer und in den Tropen.
Jens Hartmann wohnt in Niederösterreich, ist verheiratet und hat drei Kinder.